à Monsieur Lalanne, ancien Membre du Conseil Gal du Doubs de la part de son Père Comptérente Auy Dms

GUIDE

DU CULTIVATEUR

DANS

L'EMPLOI DU SEL

POUR LES DIVERS USAGES AGRICOLES;

PRÉCÉDÉ

D'UN HISTORIQUE DE L'IMPOT

ET SUIVI

DE DOCUMENTS STATISTIQUES SUR LES PRIX, LA CONSOMMATION ET LA PRODUCTION

DU SEL

EN FRANCE ET A L'ÉTRANGER,

PAR M. AUGUSTE DEMESMAY,

REPRÉSENTANT DU PEUPLE,

MEMBRE DE LA COMMISSION PERMANENTE DU CONGRÈS AGRICOLE,
DES SOCIÉTÉS D'AGRICULTURE DU DOUBS, DE L'ALLIER ET AUTRES DÉPARTEMENTS ;
MEMBRE CORRESPONDANT DE LA SOCIÉTÉ NATIONALE ET CENTRALE D'AGRICULTURE ;
MEMBRE DU CONSEIL GÉNÉRAL DE L'AGRICULTURE, DU COMMERCE ET DES MANUFACTURES.

« Le sel est un cinquième élément ; la disette du sel ou sa cherté est donc au nombre des calamités que le Corps législatif doit prévenir. » L'ABBÉ MAURY.

« J'aimerais à voir cette eau des mers, où viennent aboutir et se confondre tous les résidus de la vie, séparée en deux parts, obéir à la main de l'homme, lui donnant dans les sels cristallisables qu'elle abandonne, la soude, véritable aliment pour lui et les animaux qu'il associe à sa destinée ; laissant, dans les sels qui ne cristallisent pas, la potasse, aliment indispensable à la vigueur des plantes qu'il met en culture. »
(M. DUMAS, *de l'Académie des sciences, aujourd'hui ministre de l'agriculture et du commerce.*)

PARIS,

CHEZ GUILLAUMIN ET Cᵉ, LIBRAIRES,

Éditeurs du *Journal des Économistes*, de la *Collection des principaux Économistes*,
du *Dictionnaire du Commerce et des Marchandises*, etc.

Rue Richelieu, 14.

1850

LIBRAIRIE DU COMMERCE ET DE L'ÉCONOMIE POLITIQUE
DE GUILLAUMIN ET Cie
rue Richelieu, n° 14.

BULLETIN BIBLIOGRAPHIQUE

POUR LES PUBLICATIONS

RELATIVES A L'ÉCONOMIE POLITIQUE

AUX FINANCES, AU COMMERCE, A L'ADMINISTRATION, AU PAUPÉRISME
ET A TOUTES LES QUESTIONS SOCIALES.

(N°s 4 et 5. — Janvier et Février 1850.)

Tous les ouvrages publiés sur les différentes parties de l'Economie sociale sont annoncés dans ce Bulletin avec une parfaite exactitude et avec l'indication des noms des éditeurs, de manière à tenir les lecteurs toujours au courant de tout ce qui se rapporte à cette importante branche des connaissances humaines.

— Le prix de l'abonnement est de 5 fr. par an pour toute la France. Chaque numéro se composera, suivant l'abondance des matières, de 4 à 16 pages in-8.

Supplément au Catalogue des Livres
Provenant de l'ancien fonds
DE LA LIBRAIRIE DE COMMERCE DE RENARD,
Qui se trouvent à la librairie de Guillaumin et Cie.

(Voir, pour la 1re partie, pages 9 à 17 du *Bulletin bibliographique*, n°s 2 et 3.)

Commerce. — Industrie. — Finances. — Économie politique.

ARNOULD. *Système maritime et politique des Européens pendant le 18e siècle,* fondé sur leurs traités de paix, de commerce et de navigation. 1 vol. in-8 de 344 pages. Paris, 1797. 3 fr.

BAUDEAU. *Dictionnaire du Commerce.* Paris, 1783. 3 vol. in-4, rel. 10 fr.
Fait partie de l'*Encyclopédie méthodique.*

BERRYER père. *Dissertation générale sur le Commerce;* son état actuel en France et sa législation, etc. Paris, 1829. 1 vol. in-8. 2 fr.

DAVID. *Des Intérêts matériels en France,* et spécialement du commerce et des entrepôts. Paris, 1833. Broch. gr. in-8 de 104 pages. 1 fr.

DAVID. *De la Statistique dans ses rapports avec l'administration et le pays.* Paris, 1833. In-8 de 40 pages. 50 c.

DÉMEUNIER. *Économie politique et diplomatique.* Paris, 1784. 4 vol. in-4, en 8 parties, cart. 25 fr.
Fait partie de l'*Encyclopédie méthodique.*

DICTIONNAIRE *chronologique et raisonné* des découvertes, inventions, innovations, perfectionnements, observations nouvelles et importantes, en France, dans les sciences, la littérature, les arts, l'agriculture, le commerce et l'industrie, de 1789 à la fin de 1820. Ouvrage rédigé d'après les notices des savants, des littérateurs, des artistes, des agronomes et des commerçants les plus distingués; par une société de gens de lettres. 17 v. in-8. 50 fr.

DICTIONNAIRE *des Finances,* Paris, 1784. 3 vol. in-4. 15 fr.
Fait partie de l'*Encyclopédie méthodique.*

DUCHATELLIER. *Essai sur les salaires et les prix de consommation,* de 1202 à 1830. Paris, 1830. In-8 de 48 p. 75 c.

CH. DUPIN. *Le petit Producteur français.*
6 vol. in-18.   4 fr.

　T⁰ I⁰ʳ. Petit tableau des forces pro-
　　ductives de la France.
　T⁰ II. Le petit Propriétaire.
　T⁰ III. Le petit Fabricant.
　T⁰ IV. Le petit Commerçant.
　T⁰ V. L'Ouvrier.
　T⁰ VI. L'Ouvrière.
Prix de chaque volume.   75 c.

DUTOT. *Réflexions politiques sur les Fi-*
nances et le Commerce. La Haye, 1740.
2 vol. in-12.   3 fr.

L. D. B. *Examen des Principes les plus*
favorables aux progrès de l'agriculture,
des manufactures et du commerce en
France. 2 vol. in-8. Paris, 1815.   5 fr.

FORBONNAIS. *Recherches et Considérations*
sur les finances de France, depuis l'année 1595 jusqu'à l'année 1721. Bâle,
1758. 2 vol. in-4, rel.   15 fr.

GABALDE. *Examen des Produits de l'Indu-*
strie, admis au concours quinquennal de
1839. Paris, 1840. 1 vol. in-8. 3 fr. 50 c.

GANILH. *Dictionnaire analytique d'Économie*
politique. Paris, 1826. 1 vol. in-8.   8 fr.

GASTALDI. *De la Liberté commerciale, du*
Crédit et des Banques ; avec projet d'une
Banque générale du crédit et de l'indus-
trie. Turin, 1840. 1 v. in-8.   4 fr. 50 c.

HAGEMEISTER. *Mémoire sur le Commerce*
des ports de la Nouvelle-Russie, de la
Moldavie et de la Valachie. Odessa, 1835.
1 vol. in-8, avec tableaux.   2 fr. 50 c.

LOBET. *Des Chemins de fer en France,* et
des différents principes appliqués à leur
tracé, à leur construction et à leur exploitation ; accompagné d'un examen
comparatif sur l'utilité des différentes
voies de communication, d'un résumé
général de l'état actuel des chemins de
fer dans tous les pays d'Europe, et d'un
appendice sur les nouveaux systèmes de
chemins de fer exécutés ou proposés jusqu'à ce jour. Paris, 1845. 1 vol. in-12.
Prix.   2 fr.

MALOUET. *Collection de Mémoires et Cor-*
respondances officielles sur l'administra-
tion des Colonies, etc. Paris, an X. 5 v.
in-8.   7 fr. 50 c.

PEUCHET. *Dictionnaire universel de la Géo-*
graphie commerçante. 5 vol. in-4, rel.
Paris, an VII.   20 fr.

　Une introduction de 448 pages à deux
colonnes occupe la moitié du 1ᵉʳ volume,
et forme une espèce de Traité complet
d'Économie commerciale, remarquable par
la science et l'érudition de l'auteur.

PRINCIPES *sur lesquels doivent reposer les*
établissements de prévoyance , tels que

caisses d'épargne, tontines, assurances
sur la vie, etc. Paris, 1821. In-8 de
126 pages.   1 fr.

ROCHE (Arthur). *Des besoins du Commerce*
réduits à leur plus simple expression.
Paris, 1830. In-8 de 12 pages.   60 c.

RODET. *Questions commerciales.* Paris,
1828. In-8 de 148 pages.   1 fr.

ROLAND DE LA PLATIÈRE. *Dictionnaire des*
Manufactures, Arts et Métiers. Paris, 1785.
3 vol. in-4 et atlas.   25 fr.
　Fait partie de l'*Encyclopédie méthodique.*

SAINT-FERRÉOL. *Exposition du Système des*
Douanes en France, depuis 1791 jusqu'à
1834. Marseille, 1835. In-8 de 222 p. 1 fr.

SCHÉRER. *Histoire raisonnée du Commerce*
de la Russie. Paris, 1788. 2 v. in-8.   4 fr.

SCROFANI. *Essai sur le Commerce général*
des nations de l'Europe, avec un aperçu
sur le commerce de la Sicile en particulier. Paris, 1801. In-8 de 90 pages.
Prix.   50 c.

STATISTIQUE *générale et particulière de*
la France et de ses colonies, avec une
nouvelle description topographique, physique, agricole, politique, industrielle et
commerciale de cet état, etc. ; par une
société de gens de lettres et de savants,
et publié par P. E. Herbin. Paris, 1803.
7 vol in-8 et atlas.   15 fr.

STEUART (Jacques). *Recherche des Prin-*
cipes de l'Économie politique, ou Essai
sur la Science de la police intérieure
des nations libres, dans lequel on traite
spécialement de la population, de l'agriculture, du commerce, de l'industrie,
du numéraire, des espèces monnoyées,
de l'intérêt de l'argent, etc. Paris, 1789.
5 vol. in-8, rel.   30 fr.

TRAITÉ *de Commerce et de Navigation*
entre la France et la Grande-Bretagne,
ratifié en 1786 ; précédé du Traité de
même nature arrêté entre Louis XIV,
roi de France, et Anne, reine d'Angleterre, en l'année 1713, auquel est ajou-
tée la substance des réclamations et discussions qui s'opposèrent à son exécution. Paris, 1814. 1 vol. in-8 de 162
pages.   75 c.
　(Voy. *Bulletin bibliographique,* page 12,
pour d'autres ouvrages sur les mêmes matières.)

───────────

Tenue des livres. — Comptabilité.

DELORME. *Nouveau Système de Tenue de*
Livres, d'après Jones ; lié à la méthode
des parties doubles, applicable à tous les
genres de commerce. In-4 de 50 pages.
Avignon, 1808.   75 c.

DEZARNAUD. *Essai sur la Comptabilité com-*

merciale, ou Tenue de Livres à parties doubles, rendue facile à pouvoir apprendre sans maître. *Deuxième édition.* Paris 1834. 1 vol. in-4. 4 fr.

DOMENCET. *Nouvelle Méthode pour la Tenue des Livres*, qui conserve tous les avantages de celle à parties doubles, et qui a sur elle ceux d'être plus brève, etc. Lyon, 1809. Grand in-4 de 60 pag. 1 fr.

ISLER. *Nouvelle Méthode suisse pour tenir les livres en partie double.* Bruxelles, 1810. 1 vol. grand in-4 oblong. 5 fr.

LEMOINE DE LA GUERCHE. *Répertoire commercial, ou Principes de la Tenue des Livres la plus simplifiée, en partie double et en partie simple. Sixième édition.* 1 vol. in-8. 5 f.

LORIMIER. *Compte social ou en participation*, avec la manière d'en passer les écritures au journal et au grand-livre, accompagné du compte général. Br. in-8, autographiée. Paris, 1835. 1 fr. 50 c.

MADAULE. *La Nouvelle Tenue des Livres* en exemples d'écriture, mise à la portée des jeunes gens qui se destinent au commerce. Brochure in-4 oblong, gravée. Prix. 3 fr.

MERLE. *Traité élémentaire à l'usage du commerce et des finances*, contenant des instructions sur l'arithmétique, les changes et la tenue des livres, etc. Paris et Bordeaux, 1841. *Sixième édition.* 1 vol. in-8 de 284 pages. 4 fr.

PAYEN. *Essai sur la Tenue des Livres d'un manufacturier.* Paris, 1817. In-4 de 112 pages. 2 fr.

QUÉVY. *Méthode nouvelle de Comptabilité commerciale et spéciale des marchés à terme ou à loyer*, appliquée au commerce des grains et farines, à la meunerie, à la boulangerie et à la Bourse, contenant le nouveau tarif de taxe. Paris, 1843. In-8 de 136 pages. 5 fr.

QUINEY. *Comptable général*, ou Livre de raison. Nouveau système théorique et pratique de comptabilité en écritures double et simple, etc., approprié à la comptabilité des administrations publiques et particulières, et de tous les genres de commerce français et étrangers, etc. *Nouvelle édition.* Paris, 1839. 2 vol. grand in-8, cart. en 1 vol. non rogné. 10 fr.

ROSAZ. *Arithmétique de Commerce*, suivant les systèmes décimal et métrique français. Lyon, 1814. 1 vol. grand in-8 de 360 pages. 3 fr. 50 c.

SCHASTEL. *Le Régulateur des Opérations de commerce*, ou Tenue de livres à parties doubles, présentant, d'une manière synoptique, le brouillard, le journal, et

l'explication pour passer les articles de l'un à l'autre, etc., etc. 1 vol. in-8. Paris, 1836. 3 fr.

SIMON. *Méthode complète de la Tenue des Livres en partie simple et en partie double* (1830). 2 vol in-8, de chacun plus de 500 pages. 10 fr.

Calcul des intérêts. — Barème. — Poids et mesures. — Changes et arbitrages, etc.

BAJAT *Nouvelles Tables d'intérêts pour tous les taux*, précédées d'autres Tables d'un genre nouveau, qui donnent au premier coup d'œil le temps qu'a couru un intérêt entre deux dates connues, et d'une Instruction sur la manière de se servir de ces deux espèces de Tables, contenant divers modèles de comptes à l'échelette. In-4 oblong. 5 fr.

BERTHELOT. *Nouveau Tarif pour le cubage des bois carrés*; suivi d'un Tarif pour le poids du bois, par pieds cubes. Orléans, 1839. In-12. 2 fr.

BLÉVILLE (Thomas de). *Le Banquier et Négociant universel*, ou Traité général des changes étrangers et des arbitrages, ou virement de place en place. Paris, 1767. 2 vol. in-4, rel. en veau. 8 fr.

BROC et LAVENAS. *Nouveau Code des poids et mesures*, contenant les lois, décrets, ordonnances, circulaires et arrêtés ministériels; dispositions pénales et jurisprudence de la Cour de cassation, etc.; suivi de considérations sur les améliorations à apporter au système métrique et à son application. Paris, 1834. 1 fort vol. in-8 de 624 pages. 3 fr. 50 c.

CHAILAN. *Le Rhytolomètre*, ou Tableau général des mesures de capacité employées pour les liquides dans les principales villes de commerce d'Angleterre, d'Allemagne, d'Italie, d'Espagne, du Levant, etc., mises en rapport avec l'hectolitre de France et entre elles. *Deuxième édition*, augmentée. Paris et Marseille, 1831. 1 vol. in-12. 5 fr.

CHEVALET. *Manuel du Calculateur*, à l'usage des commerçants, banquiers, négociants, architectes, notaires, etc. 1 vol. in-12. Lyon, 1839. 2 fr.

CORBAUX. *Dictionnaire des Arbitrages simples*, considérés, par rapport à la France, dans les changes entre les villes commerçantes, tant de l'Europe que des autres parties du monde, et qui ont une correspondance mutuelle. Paris, 1802. 2 forts vol. in-4, rel. 10 fr.

DANGU. *Méthode pour calculer les intérêts à tous les taux, sans jamais faire usage* *de la multiplication*, précédée de deux tableaux trimestriels pour compter les jours. In-4. Paris, 1840. . 1 fr.

DAMOREAU (Étienne). *Traité des Négociations de banque et des monnaies étrangères*, contenant l'analyse du titre de fin, poids, et valeur des espèces d'or et d'argent , etc.. etc.; ouvrage enrichi des représentations des susdites monnaies, gravées en taille-douce. Paris, 1727. 1 vol. in-4, rel. en veau. 5 fr.

DAULNOY. *Calculs des Intérêts de toutes les sommes*, à tous les taux et pour tous les jours de l'année, etc., etc. Metz, 1807. In-12 de 60 pages et tableaux. 50 c.

DÉGRANGE. *Manuel du Commerce, ou Vade Mecum des Commerçants et des Voyageurs de toutes les classes*, contenant les tableaux des monnaies de compte, des monnaies réelles, des poids et mesures de tous les États du monde. Paris, 1826. 1 vol. in-8. 1 fr. 50 c.

DÉGRANGE et **SAINT-AUBIN.** *Le Change, le pair du Change et les Arbitrages expliqués.—Des Banques de dépôt et de circulation.* In-8 de 164 pages. 1 f.

DELCROS. *Le petit Barème métrique, ou Tableaux de réduction des prix et aunages métriques de 120 centimètres en mètres et centimètres.* Br. in-12. 50 c.

DURIEU-LACROIX. *La Boussole de l'Orfévre, du Bijoutier et des Marchands d'or et d'argent.* In-12. Paris, 1839. 75 c.

DURIEU-LACROIX. *Métrologie médicale et pharmaceutique.* Rapports exacts et précis entre les anciens poids en usage en médecine et les poids métriques de 1840. Complément à tous les formulaires qui ont paru, d'après la loi. du 4 juillet 1837. Seul document authentique adopté par l'Académie de médecine. *Deuxième édition.* Paris, 1848. Br. in-32. 50 c.

DURIEU-LACROIX. *Tablettes portatives pour l'escompte, compte de banque et d'intérêt*, ou Comput financier, ouvrage utile à toutes les personnes qui se livrent aux opérations de banque, et particulièrement à celles qui sont peu familiarisées avec les calculs et règles d'intérêt par jour. Br. in-24. Paris, 1839. 50 c.

GIRAUDEAU. *La Banque rendue facile aux principales nations de l'Europe;* suivie d'un nouveau Traité de l'achat et de la vente des matières d'or et d'argent, avec l'art de tenir les livres en parties doubles, etc., etc. Lyon, an VII. 1 v. in-4, rel. en veau. 5 fr.

GUÉHÉNEUC DE LANO. *Nouveau Manuel du Banquier*, contenant tout ce qui est relatif aux calculs de banque et de com-

merce. *Deuxième édition.* Paris, 1830. 1 vol. in-8, accompagné de tableaux des monnaies coloriés. 2 fr. 50 c.

JACQUEMIN. *Tableau de toutes les Opérations du banquier*, d'après lequel on peut résoudre les problèmes de tous les arbitrages possibles de banque, simples et composés, par le seul secours de l'addition. Bordeaux, an XIII. In-4 de 128 p. Prix. 1 fr. 50 c.

LEMOINE DE LA GUERCHE. *Barème mécanique*, ou Nouveau Système de multiplication à l'aide duquel on trouve le produit de tout nombre entier ou décimal par tel nombre entier ou décimal que ce puisse être, sans multiplier. Paris, 1830. In-48. 30 c.

LE PRINCE. *Tarif d'Escompte à 6 pour 100*, ou Méthode nouvelle pour faire un compte d'intérêt sans calculer, et pour le repasser sans pose de chiffres. Paris, 1817. 1 fort volume in-12 de près de 400 pages. 3 fr.

MARTIN. *Tableau de Multiplication*, ou Barème décimal , avec les réductions des poids et mesures. Une feuille in-plano, pliée et cartonnée. 2 fr.

MICHAUX-DELACROIX. *Tables décimales*, ou Comptes résolus du prix des objets, d'après le système obligatoire des poids et mesures; suivies de tables comparatives avec des exemples pour tous les cas, et de plusieurs autres tables d'une utilité fréquente, etc., etc. Paris, 1842. 1 vol. in-8 de 480 pages. 6 fr.

PALAISEAU. *Le Vérificateur des Escomptes*, ou Méthode neuve, simple et expéditive de vérifier et de calculer les intérêts, etc., etc. *Troisième édition*, augmentée de quatre taux et de neuf fractions diverses à chacun d'eux. Paris, 1830. Brochure in-4. 50 c.

PALAISEAU. *Encyclopédie commerciale*, dédiée à MM. les banquiers, négociants, fabricants, agents de change, courtiers, etc. In-4 de 192 pages. Nîmes, 1828. 3 fr.

PARELON. Tables très utiles pour établir les intérêts d'un capital quelconque à divers taux, etc., etc. Limoges, 1818. In-4 de 84 pages. 1 fr. 50 c.

PELLEGRINI. *Tables d'intérêts*, donnant en une seule recherche, pour toutes les époques de l'années , les intérêts à 5 pour 100 des capitaux, depuis 1 fr. jusqu'à 10,000 fr., avec un moyen facile d'obtenir ces intérêts à tous les taux. 1 v. grand in-8, cart. Paris. 1836. 5 fr.

RAMEL. *Du Change, du Cours des effets publics et de l'Intérêt de l'argent.* considérés sous le rapport du bien général de l'État ; suivi de la nomenclature des monnaies françaises et étrangères en or et en argent, calculées d'après la quantité de fin qu'elles contiennent. *Deuxième édition.* Paris. 1810. 1 vol. in-8 de 188 pages. 2 fr. 50 c.

REESS-LESTIENNE. *Nouveau Mode simplifié pour dresser les comptes d'intérêts, sans connaître l'époque de la clôture du compte, ni le taux de l'intérêt de l'année,* et Méthode très abrégée pour calculer partiellement les intérêts et escomptes, etc., etc. Lille, 1832. In-8 de 32 pages. 60 c.

RIGAUDIER. *Prototype commercial ou pratique élémentaire sur la forme, les règles et l'usage des lettres de change, des traites, des mandats, billets à ordre, billet simple, simple promesse.* Lyon, 1834. In-4 de 123 pages. 5 fr.

TSCHAGENNY. *Le Guide du Fabricant en matières d'or et d'argent, et autres métaux.* 1834. 1 vol. in-4. 3 fr.

TSCHAGENNY *La Clef des réductions des prix de toutes espèces de marchandises de l'univers.* Paris, 1823. In-8 de 88 pages. 2 fr.

VERNHES et Mme **BOSC.** *Le Méthodiste arithméticien,* cours normal d'arithmétique ramenée à sa plus simple expression par des démonstrations neuves, simples, et fondées sur le jugement. Paris, 1838. 1 vol. in-12. 2 fr.

(Voir *Bulletin bibliographique,* nos 2-3, pag. 13, 14, 15 et 16, pour d'autres ouvrages sur les mêmes matières.)

Jurisprudence.

DELAMARE. *Mémoire sur la compagnie des agents de change,* leurs fonctions, leurs devoirs, etc. 1 vol. in-8 de 112 pages. Paris, 1809. 75 c.

GAUTIER. *Études de jurisprudence commerciale,* avec une notice sur la vie de l'auteur, par M. Dupin aîné. Paris, 1829. 1 fort vol. in-8. 3 fr.

FŒLIX. *Commentaire sur la loi du* 17 avril 1832, relative à la contrainte par corps, précédé de considérations sur la contrainte par corps sous les rapports de la morale, etc., etc., par M. Crivelli. Paris, 1832. 1 vol. in-8. 2 fr.

FRÉMERY. *Des opérations de Bourse.— Étude du droit commercial.* Paris, 1833. In-8 de 124 pages. 2 fr.

GASSE. *Manuel des juges de commerce,* ou Recueil de documents, édits, lois, décrets, ordonnances, avis et arrêts du conseil d'État, et circulaires ministérielles concernant la juridiction commerciale, suivi d'un formulaire de tous les actes, ordonnances, procès-verbaux et rapports les plus usuels du ministère des juges. 5e éd. 1 vol. in-8. 7 fr. 50 c.

GOUBEAU DE LA BILENNERIE. *Traité général de l'arbitrage en matière civile et commerciale,* ou Recueil complet des règles à suivre tant par les parties que par les arbitres. Paris, 1840. Quatrième édition. 2 forts vol. in-8. 6 fr.

HÉLIE. *Manuel des débitants de boissons, marchands en gros, bouilleurs et distillateurs,* précédé d'une notice historique sur l'impôt indirect. Paris, 1837. Brochure in-8 de 52 pages. 60 c.

JOUSSE. *Commentaire sur l'ordonnance du commerce du mois de mars* 1673, avec des notes et explications, par Bécane, suivi du Traité du contrat de change, par Dupuy de la Serra. Poitiers, 1828. 1 vol. in-8. 5 fr.

LAVENAS. *Nouveau Manuel des vices redhibitoires des animaux domestiques,* avec leur dénomination et les délais de garantie dans lesquels l'action doit être intentée en France. *Deuxième édition.* Paris, 1838. 1 vol. in-12. 2 fr. 50 c.

LOCRÉ. *Esprit du Code de commerce.* 10 vol. in-8. Paris, 1811. 10 fr.

MONGALVY et **GERMAIN.** *Analyse raisonnée du Code de commerce.* Paris, 1824. 2 vol. In-4. 10 fr.

ORDONNANCE *du commerce du mois de mars* 1673, et Ordonnance de la marine du mois d'août 1681. Bordeaux, an VIII. 1 vol. in-18. 1 fr. 50 c.

Voy. JOUSSE.

THÉVENOT - DESSAULES. *Dictionnaire du Digeste,* ou substance des Pandectes justiniennes, revu et augmenté par M. Lesparat et par M. Dussans. Paris, 1809. 2 forts vol. in-4. 10 fr.

YÈCHE. *Traité de la lettre de change, du billet à ordre,* etc. Paris et Toulouse, 1846. 4 fr.

ZANOLE. *Manuel du Créancier hypothécaire.* Paris, 1828. 1 fort vol. in-18 de 312 pages. 1 fr. 50 c.

(Voir *Bulletin bibliographique,* nos 2-3, pag. 16 et 17, pour d'autres ouvrages de jurisprudence.)

Divers.

ARCHAMBAULT. *Le Cuisinier économe,* ou Éléments nouveaux de cuisine, de pâtisserie et d'office. *Troisième édition,* ornée de 5 planches, suivie d'une notice sur les vins, par M. Jullien. 1 fort vol. in-8. 5 fr.

AUTRAN. *Italie et Semaine-Sainte à Rome.* Marseille, 1841. 1 vol. grand in-8 de 366 pages. 7 fr.

BAILLEUL. *Bibliomappe ou Livre-cartes;* Leçons méthodiques de géographie et de chronologie, rédigées par une société d'hommes de lettres et de savants géographes, MM. Daunou, Eyriès, Année, Alb. Montémont, Vivien, etc.; et pour le dessin des cartes, M. A. Perrot, ingénieur-géographe. 2 forts vol. in-4 oblong, ornés d'un grand nombre de cartes coloriées. 12 fr.

BRUN. *Leçons idéologiques,* pour apprendre à la jeunesse à contracter des habitudes sociales et des habitudes morales. 1 vol. in-12 de près de 200 pages. Paris, 1822. 2 fr.

DELAUNAY. *Essais chimiques sur les arts et manufactures de la Grande-Bretagne,* traduits de l'anglais de Parkes et Martin. Paris, 1820. 2 vol. in-8, reliés. 5 fr.

DICTIONNAIRE de marine, contenant les termes de la navigation et de l'architecture navale. Ouvrage enrichi de figures. Amsterdam, 1736. 1 gros vol. in-4, relié. 6 fr.

FRANÇOIS DE NEUFCHATEAU *Recueil des lettres circulaires,* instructions, programmes, discours, et autres actes publics émanés de François de Neufchâteau, pendant ses deux exercices du ministère de l'intérieur. Paris, an VII. 2 vol. grand in-4, cart. 15 fr.

GIRAULT DE SAINT-FARGEAU. *Dictionnaire de la géographie physique et politique de la France et de ses colonies.* 1 fort vol. grand in-8 à 2 colonnes de 850 pages. 6 fr.

LESCALLIER *Vocabulaire des termes de marine,* anglais et français, en deux parties, dont la seconde présente un dictionnaire des définitions en français, orné de gravures. Paris, an VI. 3 vol. in-4. 15 fr.

LOCHMANN (voyez NIEMEYER).

MALTE-BRUN. *Annales des voyages, de la géographie et de l'histoire,* ou Collection des voyages nouveaux les plus estimés, traduits de toutes les langues européennes, etc., etc. Paris, 1808 à 1814. 24 vol. in-8, plus 1 vol. de table pour les 20 premiers volumes, le tout en demi-reliure. 40 fr.

MIRABEAU. *La Monarchie prussienne sous Frédéric le Grand,* avec un appendice contenant les recherches sur la situation des principales contrées de l'Allemagne. Londres, 1788; 8 vol. in-8 avec un atlas in-4. Prix. 24 fr.

MOREALI. *Dictionnaire de musique italien-français,* ou l'Interprète des mots employés en musique avec des explications, des commentaires propres à diriger et à faciliter l'exécution de toute œuvre musicale, et des notices historiques sur les principaux genres de composition et sur les instruments usités; adopté par le Conservatoire et par le Gymnase musical militaire, approuvé par les membres de l'Institut, section des artistes. *Deuxième édition.* Paris, 1839. 1 vol. in-12 oblong. 2 fr.

NIEMEYER. *Principes d'Education,* traduits de l'allem. sur la 9e éd., par Lochmann. Paris, 1837-42. 3 vol. in-8. 16 fr. 50 c.

OGER. *Traité élémentaire de la filature du coton.* Mulhouse, 1839. 1 vol. in-8 de 368 pages, avec atlas. 1 fr.

PETIT. *Guide du commerce des eaux-de-vie et esprits de vin,* contenant la connaissance de ces liquides, les lieux où ils se fabriquent et les usages qui les concernent. 1 vol. in-12. 1 fr. 50 c.

SAINT-GENIS (Henri de). *Manuel des droits de timbre et d'enregistrement,* pour les maires, secrétaires des administrations, percepteurs et receveurs des communes, hospices et établissements publics. Paris, 1836. 1 vol. in-8 de 188 pages. 2 fr. 50c.

TABLEAU *général et alphabétique des pensions à la charge de l'Etat,* inscrites au Trésor royal à l'époque du 1er septembre 1817. Paris, 1817. 10 vol. grand in-4, cart. non rognés. » fr.

TITE-LIVE. *Histoire romaine,* traduction nouvelle, par Dureau de Lamalle, revue par M. Noël, avec le texte latin en regard. Paris, 1810-24. 17 vol. in-8, reliés. 50 fr.

VELEY (Emmanuel de). *Cours élémentaire d'astronomie à la portée de tous les lecteurs. Troisième édition.* Lausanne, 1836. 1 vol. in-8 de 400 pages. 3 fr.

ERRATA. Le prix du *Tableau des mouvements du cabotage,* annoncé, par erreur, page 10, au prix de 5 francs, est de 3 francs.

Page 20, au lieu de : *De l'impôt sur les boissons,* par M. LÉON FAUCHER, lisez : DE L'IMPÔT SUR LE REVENU. Broch. in-8. Prix : 50 c.

LIBRAIRIES DIVERSES.

NOUVEAUX PRINCIPES D'ÉCONOMIE POLITIQUE, par CAMILLE ESMÉNARD DU MAZET. Paris, Joubert, 1849. 1 vol. in-8 de 456 pages.   7 fr. 50 c.

Cet ouvrage est divisé en soixante chapitres. Leur nombre nous empêche d'en reproduire les titres. « Prétentieux et protectionniste à la manière de M. Ferrier, mais très recommandable sur quelques points. » (*Annuaire de l'Économie politique pour 1850. Bibliographie.*)

DE L'ADMINISTRATION DE LOUIS XIV (1661-1672), d'après les Mémoires inédits d'Olivier d'Ormesson, par A. CHÉRUEL, ancien élève à l'École normale, professeur au lycée de Rouen. Paris, Joubert, 1850. 1 vol. in-8 de 234 pages.   5 fr.

TABLE DES MATIÈRES. 1. But et plan de ce travail. — Biographie d'Olivier-Lefebvre d'Ormesson. — III. Organisation du pouvoir central et local. — IV. Administration des finances. — V. Industrie, commerce, colonies et marine. — VI. Réforme des lois. — VII Police, lettres, arts, sciences, affaires ecclésiastiques. — VIII. Administration militaire. — IX. Abus de l'administration de Louis XIV. — Conclusion. — Appendice. 1. Extrait des mémoires d'André d'Ormesson, intitulé : Mes leçons de collége. — II. Disgrâce d'Olivier d'Ormesson. — III. Relations d'Olivier d'Ormesson avec madame de Sévigné. — Relations d'Olivier d'Ormesson avec Fleury.

L'ouvrage de M. Chéruel a concouru pour la question suivante, mise au concours par l'Académie des sciences morales et politiques : « Faire connaître la formation de l'administration monarchique depuis Philippe-Auguste jusqu'à Louis XIV, inclusivement ; marquer ses progrès, montrer ce qu'elle a emprunté au régime féodal ; en quoi elle s'en est séparée, comment elle l'a remplacé. » Il a été l'objet d'une mention très honorable dans le rapport de M. Mignet, qui s'exprime ainsi à son sujet : « Je ne saurais trop louer l'auteur de la manière savante et ingénieuse dont il a exposé et jugé les grands travaux de Colbert. Il s'est servi utilement pour cela des mémoires manuscrits de l'intendant André Lefèvre-d'Ormesson, qui les a vus entreprendre et accomplir. » Le Mémoire qui a remporté le prix est celui de *M. Dareste de la Chavanne*, qui a été imprimé sous le titre de : *Histoire de l'administration en France et du progrès du pouvoir royal, depuis le règne de Philippe-Auguste jusqu'à la mort de Louis XIV*, 2 vol. in-8°. (Voyez le Catalogue de la librairie Guillaumin et comp., page 17, mai 1849.)

COMPTE-RENDU DE L'EXPOSITION INDUSTRIELLE ET AGRICOLE DE LA FRANCE en 1849, par ÉMILE BÉRÈS ; extrait du *Moniteur universel*. Paris, Mathias, 1849. 1 vol. in-12 de 288-XLIV pages, plus un plan du Palais de l'Exposition.

Examen consciencieux de tout ce qu'il y a eu de remarquable à cette solennité.

ÉTUDES STATISTIQUES SUR LA MORTALITÉ ET LA DURÉE DE LA VIE dans la ville et l'arrondissement de Dijon depuis le dix-septième siècle jusqu'à nos jours, par M. L. NOIROT, docteur en médecine. Paris, J.-B. Baillière ; Dijon, Lamarche et Drouelle, 1850. Broch. in-8.

DE L'IMPOT FONCIER, par M. Auguste DE PUYSÉGUR. Paris, Garnier frères ; Toulouse, Delboy et Gimet, 1849. Broch. grand in-12.   50 c.

DE LA NÉCESSITÉ D'AFFRANCHIR NOS COLONIES ET DE MODIFIER LES DROITS DE DOUANE sur les sucres et les cafés, dans l'intérêt du commerce général de la France, par Edouard de JULIENNE, docteur en droit, avocat. Aix, veuve Tavernier, 1850. Broch. in-8.

Écrit d'un voyageur intelligent, frappé par les faits dont il a été témoin.

DE LA BOULANGERIE A PARIS, des règlements administratifs et de leur influence sur toute la France, par GOSSET. Brest. In-8 de 24 p.

Combat le monopole de la boulangerie.

DU GOUVERNEMENT DE LA FRANCE. Cinq lettres suivies d'une sixième lettre sur l'enseignement public, par Hippolyte PEUT. Paris, Dauvin et Fontaine, Henri Féret. 1850. 1 vol. in-32.   30 c.

SOLUTION DE L'ORGANISATION DU TRAVAIL par les fruits du travail organisé, par Théophile ARNOUX. In-8 de 12 1/2 f. A Marseille, quai du Canal, 9 ; à Paris, rue Notre-Dame-des-Victoires, 26. 1848.

TRAITÉ DE LA LÉGISLATION DES TRAVAUX PUBLICS ET DE LA VOIRIE EN FRANCE, par M. Armand HUSSON, chef de division à la préfecture du département de la Seine. 2e édition. Paris, Dupont. In-8 de 68 feuilles.   12 fr.

Se trouve aussi chez Videcocq.

DE LA DÉCADENCE DE LA FRANCE, par M. RAUDOT (de l'Yonne), membre de l'Assemblée législative. 2e édition augmentée. Paris, Amyot. In-8 de dix feuilles.

DES FINANCES, par CHATEAUVILLARD. Paris, imp. de Bonaventure. Gr. in-8 de 2 f.

SOCIALISME ET SENS COMMUN, par M. L.-B. BONJEAN, ancien représentant à l'Assemblée constituante. 2ᵉ édition. Paris, veuve Lenormant, 1850. In-18 de 2 f.

LA COSMOSOPHIE OU LE SOCIALISME UNIVERSEL, par Henri LECOUTURIER. Paris, chez l'auteur. In-8 de vingt-deux feuilles un quart.   5 fr.

DE L'ABOLITION DE LA CONTRIBUTION DES PORTES ET FENÊTRES COMME IMPOT DE QUOTITÉ, par Louis-Joseph FAGET. Bordeaux, imp. de Harel. In-8 de deux feuilles.

DE LA COLONISATION EN ALGÉRIE, par Gustave VESIAN. Paris, Roux, 1850. In-8 de quatre feuilles trois quarts.   75 c.

ÉLÉMENTS DE STATISTIQUE DE LA FRANCE, par L. GIRAULT. Paris, Philippart, 1850. In-16 de deux feuilles.   20 c.

LA POSSIBILITÉ PROUVÉE PAR LES FAITS. 6 milliards de capital, 300 millions de pensions aux ouvriers, lettres à M. Thiers, par J.-P. SCHMIT. Paris, Garnier frères, 1850. In-16 d'une feuille un huitième.   25 c.

    M. Schmit est l'auteur du *Catéchisme de l'Ouvrier*, qui obtint un si grand succès vers les premiers jours de la révolution de février.

SYSTÈME COMPLET D'ASSISTANCE PUBLIQUE, ou Essai de la solution pacifique de la question du droit au travail, par un ami de l'ordre et du travail. Avignon, Offray aîné; Paris, Paulin, 1850. In-8 de cinq feuilles et demie.   fr.   c.

HISTOIRE DE L'ASSOCIATION AGRICOLE et solution pratique. Ouvrage couronné par l'Académie de Nantes; par Eugène BONNEMÈRE, propriétaire. Paris, 1850, Dusacq. In-18 de quatre feuilles sept huitièmes.   1 fr. 50 c.

LE SOCIALISME, LA FAMILLE ET LE CRÉDIT, par A. DE MONTRY. Paris, Breteau. In-16 de quatre feuilles trois huitièmes.   50 c.

DU SYSTÈME HYPOTHÉCAIRE EN FRANCE, par M. PAGART, sous-chef à l'administration de l'enregistrement et des domaines. A Paris, rue des Poulies-Saint-Honoré, 9 bis. In-8 de six feuilles un quart.

LE DROIT AU TRAVAIL ET LE DROIT DE PROPRIÉTÉ, par P. J. PROUDHON. Paris, Garnier frères. In-12 de deux feuilles et demie.   50 c.

CONSIDÉRATIONS SUR LE CRÉDIT PUBLIC. Examen du projet de loi qui soumet à l'impôt du timbre les transferts de rentes sur l'Etat et des actions industrielles; par GODIN, avocat, etc. In-8 de 3 feuilles 1/2. Paris, Giraud et Dagneau.—Prix : 75 c.

DES ENFANTS TROUVÉS et des orphelins pauvres comme moyen de colonisation de l'Algérie; par M. EDOUARD DE TOCQUEVILLE, membre du conseil général de l'Oise, etc. In-8 de 3 feuilles. Paris, Amyot.

ESSAI SUR LA QUESTION DE L'EXTINCTION DE LA MENDICITÉ. Théorie et application; par M. l'abbé J.-B. HESLOT, curé d'Andouillé. 2ᵉ édition, revue, etc. In-8 de 11 feuilles 3/4. A Laval, chez Godbert.

ORGANISATION DU TRAVAIL; par LOUIS BLANC. Refondue et augmentée de chapitres nouveaux. In-12 de 10 f. 1/6. 9ᵉ édition. Paris, rue Richelieu, 102.   1 fr.

ENQUÊTE SUR LE TRAVAIL AGRICOLE ET INDUSTRIEL. — Rapport pour les deux cantons du Puy, arrondissement du Puy (Haute-Loire), suivi d'une étude d'Économie agricole, par M. CH. CALEMARD-LAFAYETTE. Le Puy, Guilhaume, 1849. Broch. in-8.

LA DÉMOCRATIE APPLIQUÉE AUX LOIS FINANCIÈRES, système pouvant servir au développement du crédit public et de l'industrie privée, par Amédée LACOMBE. Bordeaux, imp. des ouvriers associés, 1849. Broch. in-8.   fr.   c.

D'UNE INSTITUTION DE CRÉDIT FONCIER, par M. Adolphe BRIEL. Paris, Dusacq, 1849. Broch. in-8.   fr.   c.

LETTRE A M. LE MINISTRE DE L'AGRICULTURE ET DU COMMERCE, sur le nouvel acte de navigation anglais et les traités de réciprocité, par Théo.-Nap. BÉNARD. Paris, Dupont, 1849. In-8 d'une feuille trois quarts.

TRAVAUX DE LA COMMISSION DES ENFANTS TROUVÉS, instituée le 22 août 1849, par arrêté du ministre de l'intérieur. Tome I : Procès-verbaux des séances de la commission. Tome II : Documents sur les enfants trouvés. Paris, Imprimerie nationale. 2 vol. in-4 ensemble de cent soixante-dix-neuf feuilles.

Imprimerie de G. GRATIOT, 11, rue de la Monnaie.

LIBRAIRIE DU COMMERCE ET DE L'ÉCONOMIE POLITIQUE
DE GUILLAUMIN ET Cie
rue Richelieu, n° 14.

BULLETIN BIBLIOGRAPHIQUE

POUR LES PUBLICATIONS

RELATIVES A L'ÉCONOMIE POLITIQUE

AUX FINANCES, AU COMMERCE, A L'ADMINISTRATION, AU PAUPÉRISME ET A TOUTES LES QUESTIONS SOCIALES.

(Nos 6 et 7. — Mars et Avril 1850.)

Tous les ouvrages publiés sur les différentes parties de l'Économie sociale sont annoncés dans ce Bulletin avec une parfaite exactitude et avec l'indication des noms des éditeurs, de manière à tenir les lecteurs toujours au courant de tout ce qui se rapporte à cette importante branche des connaissances humaines.

—Le prix de l'abonnement est de 5 fr. par an pour toute la France. Chaque numéro se composera, suivant l'abondance des matières, de 4 à 16 pages in-8.

PUBLICATIONS DE LA LIBRAIRIE GUILLAUMIN ET Cie.

ANNUAIRE

DE L'ÉCONOMIE POLITIQUE ET DE LA STATISTIQUE

Pour 1850,

Par MM. JOSEPH GARNIER et GUILLAUMIN

Avec des articles de MM. AD. BLAISE, GUSTAVE BRUNET, MICHEL CHEVALIER, A. COURTOIS, AR. DUMONT, LÉON FAUCHER (de l'Institut), JOSEPH GARNIER, DE LA GRANGE (de l'Institut), représentant, LEGOYT, MICHEL, G. DE MOLINARI, MOREAU DE JONNÈS (de l'Institut), NAT. RONDOT, F. SAINT-PRIEST, représentant, HORACE SAY, conseiller d'Etat, LÉON SAY, DE WATTEVILLE, etc. 1 volume in-18 de 14 feuilles 1/9 (508 pages). Prix. . . . . 4 fr.

C'est la *septième année* de ce Recueil, qui s'est développé et amélioré constamment. Les soins apportés à l'impression de cet ouvrage, chargé de chiffres et de tableaux, en font un des plus beaux livres de la typographie française. — Cette septième année, comme les deux précédentes, est divisée en quatre parties. On jugera de l'utilité de cet Annuaire par la liste ci-après des principaux articles :

PREMIÈRE PARTIE. — *France.— Documents officiels.—* Mouvement de la population de la France en 1847, par M. MOREAU DE JONNÈS, de l'Institut. — Les communes de

4

France disposées par catégories de population, par M. A. LEGOYT. — Le budget de 1849, par M. ALPH. COURTOIS. — Budget définitif de 1846. — Opérations de la Caisse d'amortissement et de la Caisse des dépôts et consignations en 1848. — Tableau général du commerce extérieur de la France en 1848. — Notes sur les valeurs actuelles, par M. NATALIS RONDOT. — Analyse du produit des droits d'entrée perçus par la douane, par M. G. BRUNET. — Opérations des Banques publiques en France pendant l'année 1848. — Statistique générale de l'administration de la justice criminelle, civile et commerciale. — Situation des Caisses d'épargne des départements; — Statistique de l'industrie minérale. — Statistique des machines et chaudières à vapeur. — De l'état des chemins de fer en France, par M. ARISTIDE DUMONT. — Exposition de l'industrie agricole et manufacturière, par M. AD. BLAISE. — Tableau statistique de l'industrie manufacturière et des exploitations dans le département du Nord, contenant vingt-deux départements du Midi oriental et vingt-et-un départements du Nord occidental. — De la réforme postale, par M. F. SAINT-PRIEST, représentant. — Impôts et revenus indirects en 1849. — Revenu de l'impôt direct en 1849. — Nombre des employés en France. — Statistique de l'armée française en 1847, 1846, 1845.

DEUXIÈME PARTIE. — *Ville de Paris*. — Mouvement de la population dans le département de la Seine et la ville de Paris en 1848. — Tableau des décès dans la ville de Paris, avec distinction d'âge, de sexe et d'état de mariage, année 1848. — Consommation de Paris, en 1847 et 1848. — Mouvement de l'entrepôt de Paris, par M. G. B. — Tableau des exportations déclarées à la douane de Paris. — Opérations et travaux du Tribunal de commerce de Paris, en 1848 et 1849. — Opérations du Comptoir national d'escompte de Paris. — Caisse d'épargne de Paris. — De l'administration de l'assistance publique, par M. A. DE WATTEVILLE. — Mont-de-Piété de Paris. Compte-rendu de l'exercice de 1848. — Enquête sur l'industrie et la population laborieuse de Paris, par M. LÉON SAY.

TROISIÈME PARTIE. — *Pays étrangers*. — ANGLETERRE. Mariages, naissances et décès. — Budget du Royaume-Uni. — Produit net de l'impôt sur la propriété et sur le revenu. — Tableau indiquant l'impôt sur le revenu et le nombre des personnes qui le payent. — Intérêts annuels et total des charges de la dette consolidée de 1829 à 1849. — Mouvement de la circulation des Banques dans le Royaume-Uni en 1848-1849. — Situation de la Banque d'Angleterre de novembre 1848 à octobre 1849. — Organisation de la Banque d'Angleterre. — Commerce extérieur de l'Angleterre pour l'année finissant au 5 janvier 1849. — Tableau des importations de vins étrangers dans la Grande-Bretagne. — Exportation des fers de la Grande-Bretagne. — Caisses d'épargne en Angleterre. — Statistique de la criminalité en Angleterre, par M. LÉON FAUCHER, de l'Institut. — Tableau indiquant le nombre des enfants des Workhouses. — Notes statistiques sur la condition du peuple anglais de 1839 à 1847, par M. A. DANSON. — AUTRICHE. Budget pour l'année 1849. — État de la dette autrichienne. — BAVIÈRE. Finances. — BELGIQUE. Budget pour 1847 et 1848. — Dette. — Situation au premier mai 1848. — DANEMARK. Finances. — ESPAGNE. Finances. — PORTUGAL. Finances. — PRUSSE. Finances en 1849. — Dette de l'État le 1er janvier 1849. — Dettes provinciales à payer par l'État. — RUSSIE. Note sur la dette et les dépôts aux institutions publiques de crédit. — I. Dette publique en Russie. — II. Dépôts aux institutions de crédit. — Produits aurifères de l'Oural et de la Sibérie en 1847. — ÉTATS-SARDES. Finances. — SAXE. Finances. — SUÈDE et NORWÈGE. Finances de la Suède. — Finances de la Norwège. — ÉTATS-UNIS. Budget. — Commerce et navigation. — Nombre des Banques aux États-Unis. — La poste aux lettres aux États-Unis. — BRÉSIL. Finances. — Les Banques étrangères en Europe pendant les événements de 1848 à 1849, par M. MICHEL.

QUATRIÈME PARTIE. — *Variétés*. De la longévité en France, par M. DE WATTEVILLE. — Production agricole de la France comparée à celle des autres États, par M. MOREAU DE JONNÈS, de l'Institut. — De la question vinicole et de l'impôt des boissons, par M. DE LA GRANGE, de l'Institut. — Les mines d'or de la Californie, par M. MICHEL CHEVALIER. — Des Émigrations, par M. GUST. DE MOLINARI. — Le Congrès de la paix à Paris, par M. G. DE M. — Statistique de l'instruction primaire à Paris, par M. HORACE SAY, conseiller d'État. — Académie des sciences morales et politiques : I. Changements survenus pendant l'année 1849 ; II. Travaux de l'Académie pendant 1849 ; prix décernés et proposés, par M. JOSEPH GARNIER. — Revue financière de l'année 1849 : I. Finances publiques ; II. Banque de France ; III. Bourse, par M. A. COURTOIS. — Tableau des variations des principales valeurs cotées à la Bourse durant l'année 1849. — Revue de l'année 1849, par M. JOSEPH GARNIER. — Éphémérides de l'année 1849.

Bibliographie, suivie d'une liste alphabétique des noms des auteurs.

La première partie est précédée du Rapport sur l'Annuaire fait à l'Académie des sciences morales et politiques, par M. VILLERMÉ.

Voici les prix des précédentes années de l'ANNUAIRE :

Années 1849 et 1848, chacune. . . . . 3 fr. 50 c.
—   1847 et 1846, chacune. . . . . 2 fr. 50 c.
—   1845. . . . . 1 fr. 50 c.
—   1844, épuisée.

BACCALAURÉAT ET SOCIALISME,

Par M. FRÉDÉRIC BASTIAT,

. Membre correspondant de l'Institut, représentant du peuple.
1 joli volume in-16 cart. Prix : 60 c.

Éloquent et piquant manifeste en faveur de la liberté d'enseignement et contre la routine de l'enseignement classique.

GRATUITÉ DU CRÉDIT.

DISCUSSION ENTRE M. BASTIAT ET M. PROUDHON.

1 joli volume in-16 de 296 pages. Prix : 1 fr. 75 c.

Cette édition renferme une *quatorzième lettre* de M. Bastiat à M. Proudhon, qui n'a pas été publiée par la *Voix du peuple*, M. Proudhon ayant déclaré la cause entendue et le débat clos. Nous avons ajouté à notre édition, revue et corrigée avec soin, un sommaire en tête de chaque lettre.

Voici la liste des autres petits pamphlets de M. Bastiat :

Sophismes économiques. 2 vol. in-16. 2 fr.	*Capital et rente*, 1 vol. in-16. 35 c.	
Propriété et loi. — *Justice et fraternité*, 1 vol. in-16. 40 c.	*Paix et liberté*, ou le *Budget républicain*, 1 vol. in-16. 60 c.	
Protectionisme et communisme, 1 volume in-16. 35 c.	*L'État*, suivi de : *Maudit argent!* 1 vol. in-16. 35 c.	

HISTOIRE DE L'ADMINISTRATION DE LA POLICE DE PARIS

DEPUIS PHILIPPE-AUGUSTE JUSQU'AUX ÉTATS-GÉNÉRAUX DE 1789,

ou Tableau moral et politique de la ville de Paris, pendant cette période, considéré dans ses rapports avec l'action de la police.

Par M. FRÉGIER, auteur des *Classes dangereuses*.

. 2 forts volumes in-8. — Prix : 16 fr.

Cet ouvrage, annoncé comme étant sous presse dans notre Bulletin n° 2-3 (page 20), est maintenant complet. Le premier volume est composé de 576 pages et le deuxième de 560 pages.

Cet écrit important offre un vif intérêt, qui varie avec les événements et les tendances des siècles que l'auteur y passe en revue et qui ne languit pas un moment. Il retrace les phases successives de la civilisation parisienne avec des détails de mœurs qui reproduisent sous un aspect aussi vrai que lumineux la physionomie de chaque époque, et ce tableau est accompagné d'une exposition méthodique des travaux entrepris par l'administration de la police pour maintenir dans un ordre régulier et constant la marche de la civilisation.

NOUVELLES ÉTUDES SUR LA LÉGISLATION CHARITABLE

Et sur les moyens de pourvoir à l'article XIII de la Constitution française, suivies d'une Bibliographie charitable et de 3 plans d'hôpitaux, par M. LAMOTHE. 1 vol. in-8. Prix. . . . . 7 fr. 50 c.

Cet ouvrage, annoncé aussi sous presse dans notre précédent Bulletin, est en vente depuis le mois de février. La *Bibliographie charitable* qui complète l'ouvrage de M. Lamothe n'occupe pas moins de 46 pages. Elle est classée par ordre de matières et se termine par une table ou répertoire des noms d'auteurs. C'est assurément la bibliographie la plus complète qui ait été publiée sur ces matières. Elle sera fort utile aux personnes qui s'occupent des questions suivantes : Paupérisme, mendicité, hôpitaux, hospices, bureaux de bienfaisance, hygiène, enfants trouvés, orphelins, aliénés, sourds-muets, aveugles, Caisses d'épargne, de retraite et de secours mutuels, monts-de-piété, usure, etc.

Les trois plans d'hôpitaux sont : celui du nouvel hôpital, à Paris, dans le clos Saint-Lazare, l'hôpital de Bordeaux et celui de Ribérac.

SUBSISTANCES ET POPULATIONS,
Par L. CADOR.

1 beau volume in-8 de 472 pages. Prix : 8 fr.

Cet ouvrage, précédé d'une *Introduction*, est divisé en quinze livres, dont voici les titres :

LIVRE Iᵉʳ. La liberté, l'homme et la terre. — LIV. II. Conséquences du morcellement de la terre. — LIV. III. Histoire du morcellement. — LIV. IV. Déboisement du sol. — LIV. V. Parcours et vaine pâture. — LIV. VI. Des divers modes de l'exploitation du sol.— LIV. VII. Des hypothèques. — LIV. VIII. Organisation du crédit foncier. — LIV. IX. Enseignement agricole. — LIV. X. Le libre échange. — LIV. XI. Les douanes, les impôts. — LIV. XII. Des impôts qui pèsent sur la propriété. — LIV. XIII. Lois de la population. — LIV. XIV. Programme de la société d'économie chevaline. — LIV. XV. Résumé et conclusion.

Ce livre, imprimé à La Rochelle, fait honneur aux presses de M. MARESCHAL.

L'IRLANDE ET LE PAYS DE GALLES.

Esquisse de voyage, d'Economie politique, d'Histoire, de Biographie, de Littérature, etc.

Par M. AMÉDÉE PICHOT,
Rédacteur en chef de la *Revue britannique*. —2 vol. in-8.   15 fr.

RAPPORT AU MINISTRE DE L'INTÉRIEUR

SUR

L'ADMINISTRATION DES MONTS DE PIÉTÉ,

Par AD. DE WATTEVILLE, inspecteur général des établissements de bienfaisance.

1 vol. in-4. Prix : 6 fr. 50 c.

Nous croyons devoir donner la *Table des matières* de ce nouveau et important travail officiel de M. de Watteville : I. Origine et constitution. — Fonds de roulement dont ces établissements disposent. — Intérêts payés à leurs créanciers.— Attributions des bénéfices. — II. Recettes ordinaires. — III. Dépenses ordinaires. IV. Engagements. — Nombre des engagements effectifs ou par renouvellement. — Montant des sommes prêtées. — Intérêts payés par les engagistes. — Nombre des prêts par séries de diverses valeurs. — Valeur moyenne des prêts. — Conditions des emprunteurs. — Indication des jours de la semaine dans lesquels les prêts sont effectués. — Minimum des prêts. — Durée moyenne des prêts. — V. Dégagements. — Nombre des engagements effectifs ou par renouvellement. —Montant des sommes versées pour dégagement. — VI. Ventes. — Nombre de ventes. — Droits perçus sur les ventes. — Proportion des ventes avec les engagements. — VII. Caisse d'à-compte. — Leur création. — Leur utilité. — VIII Frais généraux d'administration par nantissement. — IX. Bénéfices sur les bonis non réclamés. — X. Bénéfices nets des monts-de-piété. — XI. Des commissionnaires. — XII. Personnel des employés. — XIII. Résumé de la législation des monts-de-piété. — XIV. Observations générales.

L'appendice renferme les Lettres-patentes, Décrets, Ordonnances, Décisions ministérielles, dont ces établissements ont été l'objet, et le Rapport de Regnauld de Saint-Jean-d'Angély sur leur réorganisation ; une Bibliographie spéciale, suivie d'une note sur les monts-de-piété en pays étrangers, et du texte de la loi sur la réorganisation des monts-de-piété en Belgique.

DU TRAVAIL DANS LES PRISONS

Et dans les Établissements de Bienfaisance, par AD. DE WATTEVILLE, inspecteur général des établissements de bienfaisance. In-18 d'une feuille. Paris, Guillaumin et Cᵗᵉ, Cotillon. Prix : 25 c.

Cette petite brochure de M. de Watteville a donné lieu à une discussion des plus intéressantes au sein de l'Académie des sciences morales et politiques, entre MM. Lucas, Blanqui et Moreau de Jonnès. Voir le nᵒ du 15 avril du *Journal des Économistes*, p. 63.

Voir pour les autres ouvrages de M. de Watteville sur les établissements de bienfaisance, les enfants trouvés et les monts-de-piété, page 12 de notre Catalogue, mai 1849.

DE LA SITUATION DES CLASSES OUVRIÈRES EN FRANCE,

Par M. Ernest Merson, rédacteur en chef de l'*Union Bretonne*. — 1 volume in-12. (270-VIII pages). Prix : 2 fr.

Voyez page 52 du précédent *Bulletin*, le titre de trois autres ouvrages de M. Merson, qui sont, ainsi que ce dernier, dans le sens de la réglementation et de la protection en matière d'industrie.

Voyez aussi pages 11 et 12 de notre Catalogue (mai 1849) les titres de plusieurs ouvrages sur la situation des classes ouvrières, et page 42 du *Bulletin bibliographique*, celui de M. Em. Bères sur le même sujet.

GUIDE DU CULTIVATEUR DANS L'EMPLOI DU SEL POUR LES DIVERS USAGES AGRICOLES.

Précédé d'un historique de l'Impôt et suivi de Documents sur les prix, la consommation et la production du sel en France et à l'étranger, par M. Aug. DEMESMAY, représentant du peuple. Brochure très grand in-8 de 84 pages. Prix. . 2 fr. 50 c.

Ce travail de M. Demesmay, à qui on doit déjà de nombreux écrits sur le sel, a paru en grande partie dans le *Journal des Économistes*. (Voir les nos 105 et 107 du 15 décembre 1849 et 15 février 1850.)

ÉTUDE DES INTÉRÊTS RÉCIPROQUES DE L'EUROPE ET DE L'AMÉRIQUE.

La France et l'Amérique du Sud, par M. Benjamin Poucel, fondateur des bergeries de mérinos-naz de Pichinango (répubi. orient. de l'Uruguay). Broch. in-8 de 56 pages. Prix. 2 fr.

Cet ouvrage est accompagné d'une grande carte de la république de l'Uruguay et d'un plan topographique de la ville de Montevideo et des environs.

NOUVEAU MÉMOIRE A CONSULTER SUR LA QUESTION DES BOISSONS,

Par M. Bouillon. — Paris, Guillaumin et Cie, et Rennes, chez Deniel. — Broch. in-8. Prix : 75 c.

M. Bouillon est un grand partisan du système actuel qui régit l'impôt des boissons, mais comme son Mémoire peut être consulté avec fruit pour l'étude d'une question qui n'est pas irrévocablement vidée, nous donnons les titres des chapitres :

1re Partie. Considérations générales sur le système d'impôts qui établit et régit notre fortune publique en France. — 2e Partie. Résumé et réfutation des attaques dirigées contre le système qui régit aujourd'hui l'impôt sur les boissons. — 3e Partie. Des modifications que l'on peut introduire dans le système qui régit actuellement l'impôt sur les boissons. — Conclusion.

L'*Histoire critique de l'impôt des boissons*, par M. Molroguier, que cite l'auteur, est épuisée. Voyez *Bulletin bibliographique*, page 19.

DES OBSTACLES AU CRÉDIT.

Considérations soumises à la Commission de l'Assemblée législative qui examine la proposition de M. de Saint-Priest sur l'usure, par J. BEAUVAIS, négociant. Paris, Guillaumin et Cie, et Martinon, 1850. Broch. in-8 de 40 pages. Prix. 75 c.

L'auteur plaide avec talent la cause de la liberté du taux de l'intérêt.

Voir sur la liberté du taux de l'intérêt, une brochure de M. J. Bresson, Catalogue de mai 1849, page 15. — Les deux beaux ouvrages de Turgot et de Bentham sur la même question, se trouvent, le premier dans le tome III, et le second dans le tome XV de la *Collection des principaux Économistes*. (Catalogue, p. 4 et 5.)

DISCOURS DE M. LÉON FAUCHER,

Représentant du peuple, rapporteur dans la discussion relative aux Associations d'ouvriers dans les travaux publics. Broch. in-8. Prix : 50 c.

HISTOIRE DE LA FAMINE D'IRLANDE en 1845, 1846 et 1847. Ses causes, ses effets et les moyens d'en prévoir le retour. Traduit de l'anglais de M. Trevelyan par M. *Motheré*. Broch. in-8 de 152 pages. Prix. 2 fr. 75 c.

GUERRE AU CRÉDIT, ou Considérations sur les dangers de l'emprunt, par un banquier. Broch. in-8 de 60 pages. 1 fr.

Table des matières : Du crédit par rapport à l'agriculture. — Du crédit par rapport au commerce. — Du crédit par rapport à l'État

JOURNAL DES ÉCONOMISTES.

PRIX DE L'ABONNEMENT : 30 fr. pour toute la France; 40 fr. pour l'Étranger.

DOCUMENTS SUR LE COMMERCE EXTÉRIEUR

Publiés par le Ministère de l'Agriculture et du Commerce.

(Voir, page 9 de notre *Bulletin bibliographique*, les renseignements sur ce recueil officiel.)

Voici le sommaire de *la livraison de janvier*, dont la publication a été retardée par l'impression d'un document fort important, le nouveau tarif des douanes d'Espagne : .

LÉGISLATION COMMERCIALE.

Angleterre. — Douanes. Bois de quassia, esprits et liqueurs en bouteilles, *Manna croup*; droits ou mode de vérification. — Navigation. Régime des marchaudises en entrepôt avant la mise en vigueur de la loi de navigation de 1849. — Pilotage. — Bâtiments étrangers, dans la circonscription de la *Trinity-House* de Newcastle, non tenus de prendre un pilote. — Réglement général des douanes. *Poids des colis pour les tabacs des possessions anglaises en Amérique.*

Espagne. — Douanes. Tarifs du 5 octobre 1849, et *Actes* qui s'y rapportent.

FAITS COMMERCIAUX.

Turquie. — Commerce de l'Albanie et du littoral de l'Epire; de la Bulgarie et de la Roumélie; de la Macédoine. Opérations des ports de Salonique, Sérès et La Cavale en 1847 et 1848. — Exploration du littoral de la mer Noire (Brousse, Erégli, Samsoun et Trébizonde) et des provinces du Tigre et de l'Euphrate supérieurs. — Mouvement commercial de Trébizonde en 1846, 1847 et 1848. — Diarbékir. — Relations avec la Perse. — Smyrne. — Beyrout et Bagdad. — Céréales en Syrie. — Iles de Candie, de Chypre et de Métolin. — Commerce de la France avec la Turquie en 1846, 1847 et 1848.

Danemark. — Commerce de ce royaume et des duchés de Schleswig et Holstein, en 1847. — Valeur des exportations de 1844 à 1847. — Navigation du Sund, des deux Belt et du canal de Schleswig-Holstein. — Commerce de la France avec le Danemark en 1847 et 1848.

Chili. — Commerce extérieur de 1844 à 1847. — Navigation. — Port de Valparaiso. — Richesse des mines. — Chili méridional. — Port de Talcahuano. — Note sur la nécessité de substituer les articles de grande consommation à ceux de luxe dans nos échanges avec le Chili. — Situation des produits français en ce pays en 1848 et 1849. — Note sur de nouveaux éléments de retour. — Commerce de la France avec le Chili en 1846, 1847 et 1848.

États-Unis. — Suite des renseignements relatifs à la situation de la Californie.

PRIX DE L'ABONNEMENT : 15 fr. pour Paris; — 20 fr. pour les Départements; — 25 fr. pour l'Etranger.

LES OUVRAGES SUIVANTS SE TROUVENT AUSSI A LA LIBRAIRIE GUILLAUMIN ET Cie.

OUVRAGES DE M. H. VANNIER.

LA TENUE DES LIVRES telle qu'on la pratique réellement dans le commerce et dans la banque, ou Cours complet de comptabilité commerciale pratique et méthodique, à l'usage des écoles et de tous ceux qui veulent bien connaître cette science.

Première partie : **Méthode.** In-8, br.   3 fr.

Deuxième partie : **Exercices pratiques.**   3 fr. 50 c.

Troisième partie : **Tenue des livres des négociants et des associés.** In-8. 5 fr. 50 c.
   Ouvrage employé aux écoles supérieures de la ville de Paris et des principales villes de France.

NOTIONS D'ARITHMÉTIQUE COMMERCIALE, ou Moyen d'apprendre, en neuf leçons et sans maître, à calculer aussi vite que la pensée. In-8, br.   1 fr.

TRAITÉ PRATIQUE DES COMPTES COURANTS PORTANT INTÉRÊTS, méthode complète et usuelle renfermant 44 exercices. In-8, br.   2 fr. 50 c.

HISTOIRE DU COMMUNISME, ou Histoire des Utopies socialistes, par M. Alfred SUDRE. Quatrième édition. Paris, LECOU. Un vol. grand in-18 de 45 feuilles.

Ouvrage qui a obtenu en 1849 le grand prix Montyon, décerné par l'Académie française.

HISTOIRE DE LA CIVILISATION ET DE L'OPINION PUBLIQUE EN FRANCE, EN ANGLETERRE, et dans d'autres parties du monde, par W. Al. MACKINNON, membre du parlement britannique. Traduit de l'anglais sur la seconde édition. Paris, 1848. 2 vol. in-8°.   15 fr.

RECUEIL DES LOIS dans tous les États de l'Europe, les États-Unis d'Amérique et les Indes d'ouest de la Hollande, sur les priviléges et les brevets d'invention, par Ch. F. LOOSEY, ingénieur civil à Vienne (Autriche). 1 vol. grand in8, imprimé à Vienne (janvier 1849).   15 fr. 00 c.

Le texte des lois sur les brevets est imprimé dans la langue originale du pays où elles ont été promulguées.

SOCIÉTÉ DES CRÈCHES DU DÉPARTEMENT DE LA SEINE. Quatrième séance publique annuelle. Broch. in-8.   50 c.

DE L'INDIGENCE ET DES SECOURS, par M. MARBEAU. In-16.   50 c.

SIMPLES DEVOIRS DE LA JEUNESSE, ou Instruction morale à l'usage des écoles, des apprentis et des jeûnes ouvriers, par M. MARBEAU. Paris, 1846. In-18 de 36 pages.   25 c.

ÉTUDES SUR L'ÉCONOMIE SOCIALE, par M. MARBEAU. Paris, 1844. 1 v- in-8. 5 fr.

Voyez page 6 (*Bulletin bibliographique*, n. 1) la liste des *publications sur les crèches* et des ouvrages de M. *Marbeau*.

NOTICE SUR LA MESURE DE LA VIE HUMAINE, à l'appui du tableau intitulé : *Fastes contemporains de la vie humaine en France*; avec une nouvelle Table de mortalité et de population, par A. BOUVARD. Paris, Carilian-Gœury et V. Dalmont. 1849. Broch. in-8 accompagnée d'un grand tableau colorié.   3 fr.

M. de Watteville a emprunté des chiffres intéressants au travail de Bouvard, pour un article de l'Annuaire de l'économie politique de 1850.

L'ABATTOIR PUBLIC ET LE MARCHÉ AU BÉTAIL DE BORDEAUX. Fragment d'un tableau des monuments et des institutions modernes de cette ville, par L. LAMOTHE. Paris, Guillaumin et Cie. 1850. Broch. gr. in-8.

ANVERS SOUS SON RAPPORT COMMERCIAL, ou recueil contenant les conditions générales de vente et d'achat des marchandises, et tout ce qui a rapport à son commerce en général. 2e édition revue, corrigée et augmentée, par Mathieu ANTHONIS. Broch. gr. in-4 de 12 p.—Anvers, Buschman, et, Paris, Guillaumin et comp. 5 fr.

TARIFS, LOIS ET NOTES SUR LES MONNAIES, par A.-C. NEUHAUS, contrôleur au change de la monnaie de Paris. Paris, au bureau de la Revue municipale.

Renferme des renseignements nombreux sur le titre et la valeur de toutes les monnaies d'or et d'argent.

ENCYCLOPÉDIE MONÉTAIRE, ou nouveau traité des monnaies d'or et d'argent en circulation chez les divers peuples du monde, avec un examen complet du titre, du poids, de l'origine et de la valeur intrinsèque des pièces, et leur production par des empreintes, par Alph. BONNEVILLE, essayeur de la Banque de France et du commerce. In-folio de cinquante-six feuilles, plus un frontispice et 199 planches. Paris, chez l'auteur et chez Guillaumin et Comp.   100 fr.

Cet ouvrage fait suite à celui publié il y a quarante ans par l'oncle de l'auteur. Il donne le titre, le poids et le dessin des monnaies d'or et d'argent frappées dans tous les pays du monde depuis 1800. Ces renseignements sont précédés, pour chaque pays, d'une notice historique et statistique. L'ouvrage est surtout remarquable par le grand nombre de planches.

ORGANISATION DE L'ÉPARGNE DU TRAVAILLEUR, EN VUE DE L'AMÉLIORATION ET DE L'AVENIR DES CLASSES LABORIEUSES. Projet de fondation d'un comptoir

et caisse générale de retraite des travailleurs à livrets, par G. BEZIAT, ancien filateur
et fabricant. Paris, Paul Dupont, 1848. 1 vol. in-12.   2 fr.

DE L'IMPOT ET DU LIBRE COMMERCE DU SEL DANS LES ÉTATS ROMAINS, par
R. THOMASSY. Rome, impr. de la Chambre apostolique, 1849. Un vol. in-8. 8 fr.

RÉFORME GÉNÉRALE DES IMPOTS, comprenant l'abolition de l'impôt du sel, des
octrois, et des cotisations personnelles dans les campagnes; par A. GODIN. Liége.
1849. Broc. in-8.   2 fr.

Sous presse à la librairie GUILLAUMIN et Cie.

PRINCIPES D'ÉCONOMIE POLITIQUE

SUIVIS DE QUELQUES RECHERCHES RELATIVES A LEUR APPLICATION
Et d'un Tableau de l'origine et des progrès de la science

PAR MAC CULLOCH,
Membre correspondant de l'Institut de France.

TRADUIT DE L'ANGLAIS SUR LA 4e ÉDITION PAR M. AUGUSTIN PLANCHE.

1 fort vol. in-8. Prix : 7 fr. 50 c.

DE LA MISÈRE CHEZ LES ANCIENS,

**De ses causes, de ses effets, de ses diverses espèces, et des moyens employés
pour la soulager et la prévenir principalement chez les Romains.**

Par M. MOREAU CHRISTOPHE,
Auteur du *Droit à l'oisiveté* (V. *Bulletin bibliographique*, p. 4).

1 vol. in-8. — Prix : 7 fr. 50 c.

Nous pouvons, dès à présent, donner le titre des principaux chapitres de cet ouvrage qui
sera non moins intéressant, non moins riche d'érudition que le *Droit à l'oisiveté* : chap. I. Du
fait de la misère chez les Romains. — Chap. II. Des diverses sortes de pauvres chez les
Romains.—Chap. III. Des causes de la misère chez les Romains.—Chap. IV. Des moyens
de soulager la misère et d'obvier à la mendicité, 1° institutions sociales. — Chap. V. Des
moyens de soulager la misère et d'obvier à la mendicité, 2° institution de bienfaisance. —
Chap. VI. Des moyens de soulager la misère et d'obvier à la mendicité, 3° organisation du
travail. — Chap. VII. Des moyens répressifs contre la mendicité, la prostitution, le
vol, etc. — Chap. VIII. Inefficacité des moyens pour soulager la misère et obvier à la
mendicité chez les anciens. — Conclusion.

En préparation :

HISTOIRE DES BANQUES,
Par M. CH. COQUELIN.
2 vol. in-8.

Etudier le mécanisme des Banques à toutes les époques de leur histoire, et dans tous
les pays où elles ont apparu; les suivre dans leurs marches, dans leurs développements,
dans leurs transformations ; retracer les incidents si curieux, si pleins d'intérêt et
d'émotion dont leur existence est abondamment semée; rechercher surtout, à l'aide
d'une analyse attentive des faits, les causes de leur succès ou de leur ruine, tel est
l'objet que M. Ch. Coquelin s'est proposé.

On sait que M. Coquelin est déjà connu par des travaux remarquables publiés dans la
Revue des Deux-Mondes et dans le *Journal des Économistes*, et par son excellent ouvrage
sur le *Crédit et les Banques.*

Imprimerie de G. GRATIOT, rue de la Monnaie, 11.

GUIDE

DU CULTIVATEUR

DANS

L'EMPLOI DU SEL

POUR LES DIVERS USAGES AGRICOLES;

PRÉCÉDÉ

D'UN HISTORIQUE DE L'IMPOT

ET SUIVI

DE DOCUMENTS STATISTIQUES SUR LES PRIX, LA CONSOMMATION ET LA PRODUCTION

DU SEL

EN FRANCE ET A L'ÉTRANGER.

—

PAR M. AUGUSTE DEMESMAY,

REPRÉSENTANT DU PEUPLE.

MEMBRE DE LA COMMISSION PERMANENTE DU CONGRÈS AGRICOLE,
DES SOCIÉTÉS D'AGRICULTURE DU DOUBS, DE L'ALLIER ET AUTRES DÉPARTEMENTS ;
MEMBRE CORRESPONDANT DE LA SOCIÉTÉ NATIONALE ET CENTRALE D'AGRICULTURE ;
MEMBRE DU CONSEIL GÉNÉRAL DE L'AGRICULTURE, DU COMMERCE ET DES MANUFACTURES.

« Le sel est un cinquième élément; la disette du sel ou
sa cherté est donc au nombre des calamités que le Corps
legislatif doit prévenir. »   L'ABBÉ MAURY.

« J'aimerais à voir cette eau des mers, où viennent
aboutir et se confondre tous les résidus de la vie, séparée
en deux parts, obéir à la main de l'homme, lui donnant
dans les sels cristallisables qu'elle abandonne, la soude,
véritable aliment pour lui et les animaux qu'il associe à sa
destinée ; laissant, dans les sels qui ne cristallisent pas, la
potasse, aliment indispensable à la vigueur des plantes
qu'il met en culture. »
     (M. DUMAS, de l'Académie des sciences,
aujourd'hui ministre de l'agriculture et du commerce.)

PARIS,

CHEZ GUILLAUMIN ET Cᵉ, LIBRAIRES,

Éditeurs du Journal des Économistes, de la Collection des principaux Économistes,
du Dictionnaire du Commerce et des Marchandises, etc.

Rue Richelieu, 14.

—

1850

Imprimerie de HENNUYER et Ce, rue Lemercier, 24. Batignolles.

Ce petit ouvrage venait de paraître dans le *Journal des Economistes*, sous ce titre : « QUESTION DU SEL », et allait être livré au public, quand la Société nationale et centrale d'agriculture vint décerner à son auteur la plus précieuse récompense de ses efforts, en l'appelant au nombre de ses membres correspondants.

Voici la lettre par laquelle le savant secrétaire perpétuel de la Société veut bien donner à l'auteur de ce livre avis de cette décision.

Cette lettre est conçue en des termes tels, qu'on pourrait à bon droit s'étonner de sa publication par celui-là même à qui elle est adressée. Aussi, pour se faire pardonner cette reproduction, se hâte-t-il de dire que, s'il s'y est décidé, c'est par la seule pensée qu'un témoignage de cette valeur, émanant d'un corps aussi compétent et aussi haut placé dans l'estime publique, était pour son livre la plus honorable préface et la plus propre à inspirer confiance aux agriculteurs.

MONSIEUR,

J'ai l'honneur de vous annoncer que la Société, prenant en considération les services éminents que vous avez rendus à l'industrie rurale, vous a admis, dans sa séance du 13 de ce mois, au nombre de ses membres correspondants pour le département du Doubs. Elle s'est trouvée heureuse de pouvoir reconnaître le dévouement actif que vous avez montré pour les intérêts agricoles, et de vous donner enfin, parmi ses correspondants, une place qui vous était due depuis longtemps à si juste titre.

Je me félicite pour mon compte, Monsieur, d'avoir à vous faire part d'une nomination qui nous donne droit de compter sur votre concours éclairé et sur d'intéressantes communications de votre part. La Société vous invite à les rendre aussi fréquentes que possible, et vous donne l'assurance qu'elles seront toujours reçues avec un véritable empressement.

Agréez, etc.

Le Secrétaire perpétuel,
Signé : A. PAYEN.

Par une lettre du 14 mars, formulée dans des termes analogues à ceux de la lettre qui précède, M. Dumas, ministre de l'agriculture et du commerce, fait à l'auteur l'honneur de lui annoncer qu'il vient de le nommer membre du Conseil général de l'agriculture, du commerce et des manufactures, qui doit se réunir à Paris le 6 avril prochain.

QUESTION DU SEL.

A l'appui de la première proposition que je déposai en 1845 à la Chambre des députés, demandant la réduction de l'impôt du sel, et afin de démontrer combien l'agriculture était intéressée dans cette question, je publiai plusieurs brochures, sous ces divers titres : *Observations de Cuthbert William Johnson sur l'emploi du sel en agriculture et en horticulture. — Opinions des hommes politiques, des savants, des agronomes, des agriculteurs sur l'utilité du sel pour les plantes et pour les animaux. — Documents nouveaux sur l'impôt du sel.*

Ces brochures ayant été entièrement distribuées aux Chambres et aux hommes honorables qui ont prêté leur concours à cette lutte de quatre années, plusieurs personnes ont bien voulu m'exprimer la pensée que leur réimpression pourrait avoir de l'opportunité et de l'utilité dans le triple but,

1° d'enlever tout prétexte à ceux qui, pour combattre la réduction de l'impôt du sel dans le passé, et peut-être pour en préparer le rétablissement dans l'avenir, contestent l'efficacité de son emploi en agriculture, ou prétendent la réduire à d'insignifiantes proportions ;

2° D'encourager les cultivateurs intelligents qui pratiquent l'usage du sel dans l'amendement de leurs terres et l'alimentation de leurs bestiaux ; d'inciter à suivre cet exemple les cultivateurs ignorants, routiniers et retardataires ;

3° Enfin, d'éclairer les uns et les autres sur les meilleurs procédés à employer et les rations les plus convenables à distribuer à leur bétail, d'après les expériences des savants et des agriculteurs de tous les pays.

Les avantages de l'usage du sel en agriculture étant mis en évidence par la théorie et la pratique, le bon sens des cultivateurs, leurs vœux réitérés et depuis si longtemps exprimés, ne permettent pas de douter qu'ils ne fassent un large emploi de cette substance pour la fertilisation de leurs terres, pour le chaulage de leurs semences, pour la conservation et l'amélioration de leurs fourrages, et surtout pour l'entretien, l'engraissement et la multiplication de leur bétail, maintenant que la réduction de l'impôt a mis le sel à leur portée, et que leur désir, leurs tentatives de progrès ne sont plus paralysés par l'énormité d'avances qui étaient impossibles au plus grand nombre.

Pousser notre agriculture à entrer dans la voie de ces progrès, chercher à la relever de l'infériorité comparative dans laquelle contribuait à la maintenir le poids d'un impôt écrasant par son exagé-

1

ration ; nous délivrer ainsi par degrés, à l'aide du progrès agricole, du tribut onéreux que nous payons à l'étranger pour nos subsistances, et cela en préparant au Trésor d'abondantes compensations , non pas seulement par l'accroissement de la consommation du sel, mais encore par le développement de la prospérité générale, seule véritable source du produit des contributions, tels sont les résultats que je désire obtenir, en déférant au vœu honorable qu'on a bien voulu me manifester, et en offrant aux cultivateurs, tout à la fois comme un enseignement et un hommage, cette nouvelle édition de mes précédentes publications, fondues en un seul ouvrage augmenté de tous les documents que j'ai pu dès lors me procurer soit en France, soit à l'étranger, d'un précis sur la législation de l'impôt du sel, et de documents statistiques sur la production et la consommation de cette substance.

Je serais heureux si la lumière que jette sur ces questions l'autorité des hommes éminents que j'ai cités, pouvait aider à ces résultats que depuis cinq ans je poursuis dans l'intérêt public et dans l'intérêt particulier des travailleurs infatigables qui, en fécondant de leurs sueurs la terre qui nous nourrit, ont tant de droits à la sollicitude des hommes politiques et à la reconnaissance de tous.

Les agriculteurs distingueront, je l'espère, de quel côté sont les amis sincères de la vérité, du progrès et du bien-être général, entre ceux qui disent : « L'emploi du sel est inutile, gardez-vous de l'expérimenter », et ceux qui disent au contraire : « L'emploi du sel est profitable, essayez-le. »

Ce petit ouvrage sera divisé en quatre parties :

La première comprendra l'historique de la législation sur le sel depuis l'origine des gabelles jusqu'à nos jours.

La deuxième partie traitera de l'utilité du sel pour les animaux.

La troisième, de l'utilité du sel pour les plantes.

La quatrième contiendra des renseignements statistiques sur la production, le prix et la consommation du sel en France et dans les divers pays de l'Europe.

PREMIÈRE PARTIE.

HISTORIQUE DE LA LÉGISLATION.

DE 1300 A 1790.

L'origine de l'impôt du sel qui, avant la révolution de 89, portait le nom *gabelle*, remonte à une époque qu'il est difficile de déterminer. Quelques historiens lui assignent le règne de Philippe V, dit le Long (1316) ; d'autres, celui de Philippe VI, dit de Valois (1342) qui, pour cela, aurait été ironiquement appelé le véritable auteur de la loi *salique*, par Edouard III, roi d'Angleterre, son compétiteur à la couronne de France [1].

La taxe établie alors, pour subvenir aux frais de la guerre contre l'Angleterre, était de deux deniers pour livre, sur le prix du sel, comme sur le prix de toute denrée et marchandise.

Plus tard cette taxe fut élevée à quatre deniers, et enfin, après la bataille de Crécy, elle fut portée à six deniers. Philippe alors fit serment de faire disparaître cette taxe aussitôt que les nécessités de la guerre auraient disparu, et au moment de mourir, en 1349, il exhorta ses enfants à soulager le peuple par une diminution de cet impôt.

Sous le règne de Jean, successeur de Philippe, loin d'être réduit, l'impôt fut porté à 6 deniers. Plusieurs provinces se refusèrent à le payer; il fut alors transformé en une capitation proportionnelle par une ordonnance de 1355.

En 1356, Jean perd la bataille de Poitiers et tombe prisonnier aux mains des Anglais. Le Dauphin, depuis Charles V, convoque les Etats, et obtient d'eux, non sans de dures conditions, un surcroît de taxe dont le produit ne doit être employé qu'aux frais de la guerre. Cette ordonnance est de 1357, et, comme celle de 1355, elle abolissait toutes autres aides et gabelles.

En 1360, Jean, en échange de l'abandon de plusieurs villes de France et d'une rançon de trois millions d'écus d'or, obtient sa liberté. Sans convoquer les Etats généraux, il rétablit les gabelles, et une taxe du cinquième de son prix est prélevée sur le sel. Néanmoins la rançon ne peut être payée et Jean retourne mourir en Angleterre. Cette taxe n'avait été établie que pour six ans. Une ordonnance de 1366 montre que la taxe était alors de 24 livres par muid, mesure de Paris. (Le muid contenait 48 minots, le minot 100 livres.)

En 1367, Charles V réduisit de moitié cet impôt, et le jour de sa mort (1380), il l'abolit; mais le duc d'Anjou, régent pour Charles VI, supprima le testament et rétablit tous les impôts. Le peuple se souleva. Le régent fut contraint de renoncer pendant deux ans à la gabelle, qu'il ne put rétablir qu'à sa rentrée à Paris, à la tête de son armée victorieuse à Rosbecq en 1382. La taxe fut alors fixée à 20 livres par muid.—En 1388, elle fut portée à 40 livres.—En 1389, elle revint

[1] Cette confusion provient peut-être de ce que, dans la Collection du Louvre, des anciennes lois françaises, on trouve une ordonnance commençant par ces mots: «*Comme pour ce qu'à notre cognoiscance estoit venu que la gabelle du sel et les impositions des quatre deniers pour livre étaient moult déplaisantes à nostre peuple, etc.* », et que ce recueil attribue cette ordonnance à Philippe le Bel (1285 à 1314). Dans la Collection de M. Isambert, elle est attribuée à Philippe le Long (1318). Mais comme cette ordonnance se retrouve dans les mêmes recueils, textuellement et mot pour mot reproduite et attribuée à Philippe de Valois, nous sommes disposé à croire que c'est par erreur qu'on fait honneur à l'un des deux prédécesseurs de ce roi de la première idée d'imposer le sel en France, et que c'est bien à lui qu'en revient la priorité, ainsi que l'indique ce passage d'un manuscrit cité par Ducange : « *En ce même an* (1342), *mit le Roi une exaction au sel, laquelle est appelée Gabelle, dont le Roi acquist l'indignation et la malgrace, tant des grands comme des petits et de tout le peuple* ».

à 20 livres, et enfin Charles VI la diminua encore d'un tiers en 1395.

Louis XI l'augmenta de 6 livres par muid.

Sous le règne de Charles VIII, les Etats généraux firent de vives remontrances contre l'impôt sur le sel, « *Cet utile minéral que la bienfaisante nature a répandu avec tant de profusion dans l'onde des mers et dans le sein de la terre.* » Le supplément de taxe de 6 livres établi par Louis XI fut aboli.

François I⁰ʳ monte sur le trône. Il élève d'abord à 30 livres l'impôt, qui alors était de 15 ; puis à 40 et à 45 livres.

En 1542, il tente de faire disparaître les priviléges des pays de petites gabelles et des provinces franches, au moyen d'un impôt général et uniforme pour tout le royaume, de 24 livres par muid. Révoltes de ces provinces et rétablissement pour les autres de la taxe de 45 livres (1543). Toutefois les producteurs dans les provinces franches durent payer 20 sous par muid, comme droit d'extraction.—Troubles et meurtres dans la Saintonge, à Bordeaux et à Périgueux, à l'occasion de cet impôt. Sous Henri II (1549-1553) même tentative de l'établissement d'une taxe uniforme. Même insuccès.—Plusieurs provinces s'affranchissent par le payement de fortes sommes. De là le nom de provinces rédimées.

Sous le règne de Henri IV, Sully, préoccupé du bien-être du peuple, abaissa l'impôt du sel.

Louis XIII le releva.

Louis XIV rendit une ordonnance en 1680, qu'on appela le Code des gabelles, dans laquelle il maintint l'inégalité de l'impôt entre les diverses provinces du royaume. Dans les pays de grandes gabelles ¹ le prix du sel était, d'après Necker, de 54 à 61 livres tournois les 100 livres. Dans les pays de petites gabelles ce prix était de 15 à 57 livres ; dans les pays rédimés, il était de 6 à 11 livres ; dans les provinces franches, il était de 1 à 7 livres ; dans les pays de salines, il était de 12 à 36 livres. Toutefois Colbert réduisit le prix du sel, en conseillant au roi une plus large réduction, « si Sa Majesté se résolvait à diminuer ses dépenses. » Sous Louis XV les prix restèrent les mêmes.

Il en fut de même sous Louis XVI jusqu'au moment où l'Assemblée

---

¹ Pays de grandes gabelles : Ile de France, Orléanais, Maine, Anjou, Touraine, Berry, Bourbonnais, Bourgogne, Picardie, Champagne, Perche, Normandie en partie.

Pays de petites gabelles : Mâconnais, Lyonnais, Forez, Beaujolais, Bresse, Bugey, Dombes, Dauphiné, Languedoc, Roussillon, Rouergue, Gévaudan, Auvergne en partie.

Provinces franches : Poitou, Aunis, Saintonge, Angoumois, Limousin, Périgord, Quercy, Guyenne, Foix, Bigorre, Comminges.

Provinces rédimées : Bretagne, Artois, Flandre, Hainaut, Calaisis, Boulonnais, Arles, Sédan, Nebouzan, Béarn, basse Navarre, Labour, Oléron, Rhé, partie de l'Aunis, de Saintonge et de Poitou.

Provinces de salines : Franche-Comté, Lorraine et Clermontois, Trois-Évêchés.

Une partie de la Normandie s'appelait pays de quart-bouillon, parce qu'elle devait payer au roi *le quatrième du prix du sel blanc* qui y était fabriqué. Le prix était de 14 livres le quintal.

constituante abolit à l'unanimité cette odieuse gabelle, cause de tant de troubles, d'émeutes et de condamnations aux galères.

Avant de continuer ce rapide résumé de la législation du sel, disons un mot sur le mode employé pour prélever cet impôt :

La gabelle était affermée à un traitant, nommé *fermier des gabelles*. Chaque producteur devait lui fournir au moins quinze mille muids au prix courant. Dans toutes les paroisses, qu'elles payassent le sel 1 sou seulement, ou 12 sous la livre, chaque habitant devait prendre, qu'il dût la consommer ou non, une quantité de sel déterminée par le fisc.—Cette quantité était appelée *sel du pot et de la salière* et aussi *sel du devoir*. On ne pouvait en employer une partie à des salaisons sous peine d'amendes énormes.

Cette quantité était d'un minot pour 14 personnes, par an. En Bretagne, province exempte du droit de gabelle, le minot ne se divisait qu'entre sept personnes.

Les employés des gabelles avaient le droit de pénétrer à chaque heure du jour et de la nuit dans les maisons privées pour y poursuivre la contrebande. Ceux qui se trouvaient saisis de faux sels [1], ou convaincus d'en faire trafic, étaient condamnés aux galères pour neuf ans, à 500 livres d'amende, et, en cas de récidive, attachés au gibet et étranglés. Ceux qui étaient pris à conduire charrettes ou bateaux étaient condamnés à 300 livres d'amende ; en cas de récidive, aux galères. Les femmes étaient condamnées au fouet. L'amende non payée augmentait de trois ans les galères.

On dit que le tiers de la population des galères se composait alors de gens condamnés pour contrebande de sel.

Les Etats généraux ne cessèrent de protester contre une si odieuse législation, qui ne devait tomber pourtant, avec tous les abus qui alors régnaient en France, que sous l'effort d'une révolution. Nous arrivons à la législation de 1790.

1790.

Le 20 septembre 1789, la détermination de supprimer la gabelle est prise par l'Assemblée constituante, sans débats condradictoires importants.

Le 20 mars 1790, la gabelle est définitivement abolie, et remplacée par une contribution *provisoire* de 42 millions à répartir sur les contribuables par forme d'addition proportionnelle à toutes les impositions réelles et personnelles, au marc la livre.

Le maximun du prix vénal du sel est fixé à 30 cent. le kilog.

Le 27 septembre 1793, le maximum est abaissé à 20 cent.

En 1797, un projet de rétablissement de l'impôt est présenté et soutenu par Bertrand (des Bouches-du-Rhône). Il est repoussé par la question préalable.

---

[1] Sel pris ailleurs que dans les greniers du fisc.

En 1799, le gouvernement demande sur le sel un impôt de 1 sou par livre.

« La subsistance des armées n'est pas assurée, dit un message du Directoire adressé au Conseil des Cinq-Cents, pendant la discussion même ; les approvisionnements de la marine sont nuls et incomplets ; les traitements sont arriérés, un grand nombre de fonctionnaires publics sont dans le plus grand besoin et l'on ne peut venir à leur secours ; les payements les plus urgents sont suspendus, etc., etc. » Le 16 pluviôse, la proposition du Directoire est adoptée, malgré les efforts de Lucien Bonaparte qui prononce, à cette occasion, un discours remarquable que je voudrais pouvoir reproduire ici en entier, et qui peut se résumer dans cette phrase : « Imposer les denrées nécessaires à l'existence du pauvre, ce serait trahir nos devoirs ; je demande l'ordre du jour sur l'impôt du sel, et que l'on mette aux voix qu'en principe, il ne sera point établi d'impôt sur les objets de première nécessité. »

Mais il fallait à ce rétablissement prononcé par le Conseil des Cinq-Cents, la sanction du Conseil des Anciens : il ne l'obtint pas et fut repoussé par 104 voix contre 84.

1806.

De 1790 à 1806, le sel fut exempt de tout impôt.

Le décret du 25 avril, qui vint alors rétablir une contribution de 2 décimes par kilog., était motivé par la suppression de la taxe des barrières sur les routes, et accompagné de la promesse d'un dégrèvement dans les impositions directes, pour l'année suivante.

Ce n'était plus le temps des luttes parlementaires ; le décret fut adopté sans discussion par le Corps législatif.

Le 11 novembre 1813, un nouveau décret, *vu l'urgence des circonstances*, porte la taxe du sel à 4 décimes.

Le 17 septembre 1814, l'impôt est réduit à 3 décimes. Mais le gouvernement lui-même, par l'organe des rapporteurs devant les deux Chambres, exprime son regret que « les nécessités du moment ne lui permettent pas une plus large réduction, qui sera sans doute possible pour l'année suivante. »

En 1829, une pétition demandant la réduction de l'impôt, soutenue par MM. Marchal, de Fermont, Kératry, Cunin-Gridaine, de Tracy, est renvoyée au ministre des finances.

En 1831, nouvelle pétition ; nouveau renvoi, accepté, appuyé même par Casimir Périer, alors ministre des finances.

A la même époque, le maréchal Bugeaud prend vigoureusement parti contre l'impôt du sel ; il l'attaque dans une publication qui se termine par une demande de réduction ; le 11 décembre, il s'écrie à la tribune, répondant à un orateur soutenant l'impôt : « Je voudrais qu'il fût permis un instant de faire passer l'orateur qui descend de de cette tribune dans les chaumières du Limousin, du Périgord (voix nombreuses : de l'Alsace, du Poitou, du Midi) ; il verrait de malheureux cultivateurs qui n'ont pas un meuble dans leur maison et qui dépensent 50 francs pour le sel. »

La loi du 17 juin 1840 fait disparaître la surtaxe qui pèse sur les salines de l'Est, autorise l'aliénation des salines de l'Etat qui renonce ainsi au monopole de la vente. L'art. 12 de cette loi porte que le sel, moyennant certaines formalités, sera livré en franchise à l'industrie et à l'agriculture.

1845.

Ici nous entrons dans la phase où l'impôt devint plus sérieusement menacé.

Voici comment le *Courrier français* donne l'historique des débats parlementaires qui eurent lieu sur cette question depuis cette époque.

Nous ne remonterons pas jusqu'en 1814 pour suivre, à travers la Restauration, les efforts tentés par plusieurs membres des Chambres électives, notamment MM. de Mosbourg et le maréchal Bugeaud, contre l'exagération de cette taxe odieuse.

Nous prenons la question, du jour où elle fut sérieusement, et corps à corps, saisie par M. Demesmay.

Voici les vicissitudes de sa proposition :

Le 15 avril 1845, il la dépose.

La lecture en est autorisée par huit bureaux sur neuf.

Le 26 mai, il la développe devant la Chambre qui vote la prise en considération à une immense majorité.

Le 24 juin, paraît un rapport de M. Dessauret, concluant à l'adoption de la proposition.

La Chambre se sépare sans avoir discuté ce rapport.

Le 26 février 1846, le gouvernement, en exécution de l'art. 12 de la loi de 1840, rend une ordonnance portant que du sel mélangé sera délivré à l'agriculture moyennant un droit réduit à 5 francs. C'était là la première machine de guerre employée contre la proposition : on espérait, par cette mesure illusoire, enlever aux partisans de la réduction l'un de leurs principaux arguments en faveur de la réforme.

Le 22 avril 1846, la proposition vient à discussion devant la Chambre ; on la combat surtout à l'aide de l'ordonnance du 26 février, qui fait, prétend-on, que dorénavant l'agriculture est désintéressée dans le débat. Mais justice est faite de cette argumentation, et la réduction à 10 centimes par kilog. est votée par 240 voix contre 26.

La loi est transmise à la Chambre des pairs. Le 19 juin, rapport de M. Gay-Lussac, concluant au rejet pur et simple de la loi.

La session se clôt sans que la Chambre des pairs discute le rapport.

La Chambre des députés et dissoute.

A la veille des élections, discours de Lisieux et de Mirande, laissant entendre qu'on va donner au pays les satisfactions qu'il réclame. Tout le monde suppose que la réduction de l'impôt du sel, votée par la Chambre des députés, est comprise au nombre des améliorations promises par les deux ministres.

En janvier 1847, M. Demesmay, à son arrivée à la Chambre, dépose de nouveau sa proposition.

La lecture en est autorisée par les neuf bureaux.

Le 27 février, il la développe devant la nouvelle Chambre, qui, comme la précédente, vote la prise en considération à la presque unanimité.

Une nouvelle Commission est formée qui, pendant plusieurs mois, passe deux heures par jour à étudier la question, appelant successivement dans son sein tous les agriculteurs les plus renommés de la France, réunis alors en Congrès général à Paris.

Le 25 mai 1847, M. Dessauret dépose un deuxième rapport concluant, comme le premier, à la réduction à 10 centimes, à partir du 1er janvier 1848.

Le 15 juin, discussion de ce rapport et adoption de ses conclusions par la Chambre, à une majorité de 264 voix contre 14.

Nouveau renvoi de la loi à la Chambre des pairs.

Le 2 août 1847, nouveau rapport de M. Gay-Lussac, concluant, comme le premier, au rejet pur et simple.

La session se clôt encore une fois sans que la Chambre des pairs discute. Ingénieux moyen d'enterrer une question sans se donner l'ennui de la combattre !

Le 3 janvier 1848, présentation par M. Dumon, ministre des finances, au nom du gouvernement, d'un projet réduisant le prix du sel à 30 centimes par kilogramme, basé sur cette considération qu'il importe de mettre le sel à la portée de l'agriculture ; car, dit l'exposé des motifs, « dans presque tous les États de l'Allemagne, d'après les renseignements recueillis (par un agent envoyé là dans ce but par le gouvernement lui-même), le sel entre dans l'alimentation ordinaire des animaux ; il fait partie de leur régime hygiénique, et on lui attribue des effets favorables touchant l'engraissage du bétail, la production du lait et l'accroissement des vertus fertilisatrices qu'il communique au fumier. »

Le 24 février, révolution. La République est proclamée. Le 15 avril (troisième anniversaire, pour le dire en passant, du jour où l'honorable M. Demesmay déposa pour la première fois sa proposition), le gouvernement provisoire rend un décret abolissant l'impôt à dater du 1er janvier 1849.

Le 22 juillet, M. Goudchaux, ministre des finances, annonce à l'Assemblée la résolution de rapporter le décret d'abolition et de rétablir l'impôt dans son intégralité.

Le 19 août, M. Demesmay dépose, pour la troisième fois, la proposition d'une réduction.

Le 28 août, le ministre des finances tient parole et présente un décret portant rétablissement de l'impôt sans réduction, sans terme assigné à ce rétablissement.

Le 15 septembre, rapport de M. Deslongrais, au nom du Comité des finances, concluant à l'adoption du projet du gouvernement et au rejet, *sans examen*, des propositions de réduction, transformation ou abolition.

Le 21 septembre, rapport de M. Talon, au nom du Comité d'agriculture, concluant, au contraire, et *après examen*, à l'adoption de la réduction à 10 centimes par kilogramme.

Le 23 novembre, présentation par M. Trouvé-Chauvel, ministre des finances, au nom du gouvernement, d'un amendement au projet déposé par M. Goudchaux le 28 août ; cet amendement propose la réduction à 10 centimes à partir du 1er avril 1850.

Le même jour, dépôt par MM. Demesmay, Talon et Flandin, d'un amendement motivé, demandant cette réduction à partir du 1er juillet 1849.

Le 29 novembre, ces trois honorables représentants complètent cette proposition, 1° par un article réglant, pour les détenteurs de sel au moment de la mise à exécution de la loi, la transition du régime de l'impôt de 30 fr. au régime de l'impôt de 10 fr., ainsi que l'avait demandé M. Demesmay dans un amendement déposé le 9 novembre ; 2° par un autre article autorisant l'introduction des sels étrangers, dans le but d'assurer aux consommateurs le bienfait de la réforme ; deux précautions entièrement négligées dans le projet ministériel.

Formation d'une Commission spéciale dans les bureaux ; les quinze commissaires sont favorables à la réduction ; plusieurs la veulent immédiate ; ce n'est qu'à *une* voix de majorité qu'elle est reculée au 1er juillet 1849.

Ici s'arrête l'article du *Courrier français*. Je le continue :

Le 19 décembre, rapport de M. Lagarde, concluant à la réduction à dater du 1er juillet 1849.

Le 27 du même mois, discussion. Un amendement est proposé demandant l'*abolition* de l'impôt à dater du 1er janvier 1849. Il est repoussé par 417 voix contre 336.

Le lendemain 28, un amendement est présenté par M. Anglade, demandant non l'abolition, mais la réduction à 10 cent. par kil., à partir du 1er janvier 1849. Il est adopté à une majorité de 403 voix contre 360.

On voit par ce résumé rapide que, dès son origine, l'impôt du sel n'a cessé, au nom des principes d'égalité entre les contribuables, de bonne économie politique et d'humanité, d'être attaqué soit par les Etats généraux, soit par les Assemblées législatives. Ses partisans n'ont jamais pu le défendre, dans son exagération, que par cette raison : La nécessité, créée presque toujours par les frais de la guerre.

DEUXIÈME PARTIE.

EMPLOI DU SEL POUR L'ENTRETIEN ET L'ENGRAISSEMENT DES ESPÈCES BOVINES, OVINES ET PORCINES.

L'opinion de l'efficacité du sel dans l'alimentation des animaux est de tous les temps et de tous les pays ; elle est professée par les plus illustres savants de l'Europe ; proclamée par les hommes les plus éminents des Assemblées législatives de France, d'Angleterre, de Belgique ; pratiquée par les agronomes les plus expérimentés, et répandue parmi les meilleurs agriculteurs, ainsi que le constate l'enquête faite en 1845, dans toute la France, par les agents du gouvernement.

VIRGILE, dans le IIIe livre des *Géorgiques*, constate ainsi les avantages du sel :

Que celui qui apprécie le laitage serve souvent, de sa propre main, à ses vaches, le cythise et les herbes salées ; par là leur soif est aiguisée, leurs mamelles se remplissent davantage, et le sel porte dans leur lait une saveur mystérieuse.

Ce qui inspire à DELILLE cette réflexion :

Il faut que le sel soit bien salutaire pour les bestiaux, puisque nos paysans leur en donnent toujours, malgré les précautions qu'on a prises pour rendre chère une chose si commune et si nécessaire.

PLINE, dans son *Histoire naturelle*, dit, en parlant du sel marin :

Les moutons, le gros bétail, les bêtes de somme y trouvent aussi le stimulant le plus puissant, et lui doivent l'abondance de leur lait, le goût exquis de leur fromage.

Au cinquième siècle, l'agronome PALLADIO écrivait :

Le sel, fréquemment répandu sur les pâturages, prévient le dégoût des troupeaux.

Au seizième siècle, BERNARD PALISSY enseigne l'utilité du sel pour les animaux.

Au dix-septième siècle, BUFFON écrivait ces éloquentes paroles :

La recherche du sel est prohibée, et même l'usage de l'eau qui en découle nous est interdit par une loi fiscale, qui s'oppose au droit si légitime d'user de ce que la nature nous offre avec profusion ; loi de proscription contre l'aisance de l'homme et la santé des animaux, qui, comme nous, doivent participer aux bienfaits de la mère commune, et qui, faute de sel, ne vivent et ne se multiplient qu'à demi ; loi de malheur, ou plutôt sentence de mort contre les générations à venir, qui n'est fondée que sur le mécompte et l'ignorance, puisque le libre usage de cette denrée, si nécessaire à l'homme et à tous les êtres vivants, ferait plus de bien et deviendrait plus utile à l'Etat que le produit de la prohibition ; car il soutiendrait et augmenterait la vigueur, la santé, la propagation, la multiplication de tous les animaux utiles. La gabelle fait plus de mal à l'agriculture que la grêle et la gelée ; les bœufs, les chevaux, les moutons, tous nos premiers aides dans cet art première nécessité et de réelle utilité, ont encore plus besoin que nous de ce sel qui leur était offert comme assaisonnement de leur insipide herbage, et comme un préservatif contre l'humidité putride dont nous les voyons périr : tristes réflexions que j'abrége en disant que l'anéantissement d'un bienfait de la nature est un *crime* dont l'homme ne se fût jamais rendu coupable s'il eût entendu ses véritables intérêts.

Dans la collection des Mémoires présentés à l'Académie royale des sciences, et imprimés par son ordre, je trouve, dans celui de VIRGILE LABASTIDE, ami et contemporain de Fontenelle, les passages suivants :

Observations physiques sur les bons effets du sel dans la nourriture desbestiaux.

Après avoir donné un moyen de rendre les rivages du Rhône un des plus fertiles pays du monde, on croirait manquer à ce qu'on doit au public, en ne lui découvrant point un moyen simple et facile de procurer sûrement une augmentation considérable du produit de toute sorte de terre.

Ce moyen n'est autre que la multiplication des bestiaux. Il est assez évident qu'un laboureur qui a une grande quantité de bestiaux se procure par là deux avantages considérables : le premier, de faire tous ses labeurs dans la saison propre ; le second, de pouvoir engraisser un plus grand nombre de terres, au moyen du fumier provenant de ce plus grand nombre de bestiaux ; deux causes de fertilité connues, et les principales que nous proposons de procurer par ce mémoire.

Cela posé, toute la difficulté consiste à procurer aux laboureurs le moyen de nourrir cette augmentation de bestiaux.

Le moyen d'augmenter la nourriture des bestiaux, dont on entend parler, n'est autre que le sel ; c'est-à-dire que le sel, joint aux aliments que prend un animal, augmente la nourriture que ces aliments lui fournissent, de telle sorte que plus un animal use de sel, plus cette augmentation de nourriture est sensible, sans qu'on ait lieu d'appréhender l'excès en cette occasion, puisqu'à Arles, où les bestiaux ont le sel à discrétion, on ne s'est point encore aperçu d'aucun mauvais effet.

Mais parce qu'on ne doit point être cru sur sa parole, surtout dans une affaire de cette conséquence, on prouvera ce qu'on avance par des faits qui persuaderont plus, en cette occasion, que les raisonnements les plus concluants.

Un premier fait, dont chaque laboureur peut faire l'expérience, et qui sera convaincante pour lui dans quelque coin du royaume qu'il la fasse, c'est de donner du sel à une partie de ses bestiaux ; et il reconnaîtra lui-même, dans peu de jours, que les bêtes qui auront usé du sel seront plus vigoureuses et se porteront mieux que celles qui n'en auront pas usé ; on suppose toutes choses égales d'ailleurs.

Un second fait, d'après M. Virgile Labastide, est la supériorité en nombre, en santé, en produits, des troupeaux qui pâturent la Crau, sur ceux entretenus dans des pâturages non salés, du Languedoc et de la Provence.

Un troisième fait est la différence qui existe, en Languedoc et en Provence, entre les troupeaux auxquels on distribue du sel et ceux qui en sont privés.

En 1787, de CALONNE, dans le Mémoire présenté au nom du roi à l'Assemblée des notables, dit qu'il faut régler l'impôt de telle sorte « qu'il n'empêche pas de faire servir le sel à l'engrais des terres et à la conservation des bestiaux. »

En 1789, au nom de l'intérêt agricole, l'Assemblée nationale décrète en principe l'abolition de la gabelle.

En 1790, elle l'abolit en fait, et arrête que la vente du sel appartenant à l'Etat se fera au prix du commerce, déterminant néanmoins un maximum de trois sous par livre, maximum qui fut, en 1793, réduit à deux sous.

En 1799, pour repousser une troisième tentative du Directoire de rétablir un impôt d'un sou par livre sur le sel, RIVOALAN, CHAIGNEAU, CHASSIRON, LEMERCIER, LOYSEL, BRIOT, BESLAY, CORNET, BAUDIN, LASSAY, GIRAUD (de Nantes), LUCIEN BONAPARTE (dont j'ai publié ailleurs, en partie, le discours si remarquable), BARBÉ-MARBOIS, BOULAY (de la Meurthe), proclament l'utilité, la nécessité du sel pour l'agriculture. Dans l'impossibilité de tout citer, je rapporterai seulement quelques paroles de ces deux derniers hommes politiques, qui ont laissé de si beaux souvenirs dans nos Assemblées législatives :

Le sel, dit BARBÉ-MARBOIS, ne doit pas être regardé seulement comme un objet de première nécessité : le bétail en reçoit une grande amélioration; les épizooties sont rares, elles sont à peine connues dans les lieux où le sel peut leur être distribué libéralement.

Dans certains départements, dit BOULAY (de la Meurthe), le sel est plus nécessaire encore aux bestiaux qu'aux hommes. Les fourrages y sont imprégnés d'une humidité putride, et on ne peut les rendre salutaires qu'en les réchauffant avec du sel. Depuis longtemps la Suisse nous fournit des bœufs; c'est surtout par cette fourniture qu'elle a épuisé notre numéraire dans le cours de la révolution. Il a été un temps où c'était nous qui lui en vendions ; mais depuis que nous lui donnons nos sels à très-bas prix, et que nous les payons, nous, très-cher (car ce scandale existait dans l'ancien régime), la Suisse s'enrichissait à nos dépens... Mais , outre l'éducation des bestiaux , qui peut consommer une quantité incalculable de sel , la plupart des terres de ces départements sont si froides qu'elles ont besoin d'être réchauffées avec des cendres mêlées de sel.

Avant les autorités que nous venons de citer, déjà CONDILLAC avait écrit :

Le sel, fort commun dans nos quatre monarchies, était, par la liberté du commerce, à un prix proportionné aux facultés des citoyens les moins riches, et il s'en faisait une grande consommation, parce qu'il est nécessaire aux hommes, aux bestiaux et même aux terres, pour lesquelles il est un excellent engrais..... Le monopole du sel fit hausser tout à coup son prix d'un à dix..... La consommation diminua. Le sel fut donc un engrais enlevé aux terres; on cessa d'en donner aux bestiaux, etc., etc.

A l'Assemblée nationale de 89, après une chaleureuse sortie contre les gouvernements qui, en s'emparant des salines, ont tari pour les particuliers cette source de bien-être, MIRABEAU s'écrie :

Quel mal ne fait pas l'impôt indirect qui porte sur le sel.!

En 1814, M. FRANCONVILLE, rapporteur à la Chambre des députés de la loi de douanes qui, par raison de nécessité, fixait l'impôt du sel à 3 décimes par kilogramme, développant les considérations qui devaient faire restreindre cet impôt à l'année 1815, s'exprimait ainsi :

L'agriculture aurait aussi à souffrir du haut prix du sel. Sagement administré aux troupeaux, il est favorable à leur santé comme à leur reproduction ; on ne saurait donc en rendre l'usage trop commun et trop à la portée des habitants des campagnes ; ainsi, comme source de richesse publique, nous devons apporter tous nos soins à multiplier sa consommation.

Parmi les membres de cette législature un grand nombre proclamaient à la tribune la nécessité du sel dans les exploitations agricoles.

Le général Foy prononçait ces paroles à la séance de la Chambre des députés du 28 mars 1825 :

Après l'abolition de la gabelle, au commencement de la Révolution, la vente du sel a été libre en France. Rappelez-vous, Messieurs, quelle consommation en faisaient alors tous les bestiaux, dans nos provinces du Centre et du Midi ; rappelez-vous avec quelle prodigalité l'économie domestique l'employait pour conserver les aliments ; rappelez-vous comment, dans plusieurs pays, et particulièrement sur les côtes de Normandie, l'agriculture en avait fait un *engrais précieux*. N'est-il pas permis de croire que la somme que le fisc recevrait en moins sur la taxe, il la retrouverait par l'extension donnée à la consommation de la denrée ?.....

Casimir Périer disait :

N'abandonnez pas les marais salants, secourez-les par la destruction de l'impôt ; ce sera un moyen de leur donner un développement énorme, et en même temps de fournir à notre agriculture le moyen de rivaliser avec l'étranger, surtout pour l'éducation et la vente des bestiaux.

Depuis, comme avant cette époque, les mêmes doctrines agricoles n'ont pas cessé d'être enseignées.

Chaptal, dans sa *Chimie appliquée à l'agriculture*, écrivait :

Le sel est le premier besoin des animaux ruminants ; il sert d'assaisonnement à leur insipide nourriture, il excite les forces de leurs estomacs débiles, il prévient les obstructions et les engorgements.....

L'impôt sur le sel est une véritable calamité pour l'agriculture ; il a tari plusieurs sources de la prospérité publique, et il lui coûte plus qu'il ne rapporte au Trésor.

Conséquent aux convictions du savant, homme politique, il disait :

Lorsque le sel était à bas prix, l'agriculture pouvait en donner à ses bêtes à cornes, bœufs et moutons ; elle le mêlait avec le fumier pour exciter la végétation. En Provence, on le répandait au pied des oliviers pour leur donner de la vigueur. Du moment qu'il a été grevé de l'impôt, l'usage s'est borné à assaisonner nos aliments et aux salaisons.

Dès ce moment, l'agriculture a perdu un de ses plus grands moyens de prospérité ; il suffit, pour s'en convaincre, de comparer l'état des animaux auxquels on peut donner une bonne ration de sel avec l'état de ceux qui en sont privés ; ces derniers, quoique nourris avec la même quantité et la même qualité de fourrage, sont maigres, souffrants, dévorés d'obstructions pendant l'hiver ; la peau des bœufs et des vaches est dépouillée de poil, les toisons des moutons se détachent de l'animal et tombent par flocons ; tandis que les premiers présentent tous les caractères d'une parfaite santé, et assurent à leurs propriétaires un meilleur service et une dépouille plus avantageuse.

En 1823, Bosc, inspecteur général des pépinières du gouvernement, membre de l'Institut, s'exprime ainsi, dans les *Annales d'agriculture* :

Les cultivateurs non-seulement ont besoin de sel pour leur consommation personnelle, mais encore pour entretenir leurs bestiaux en santé. Sous ce dernier rapport, l'impôt dont il est chargé dans la totalité des Etats de l'Europe est une calamité pour l'agriculture.

En 1831, M. THÉNARD disait à la Chambre des députés :

Sans doute, si la situation du Trésor le permettait, il faudrait diminuer ou même supprimer l'impôt sur le sel, non-seulement pour que la classe ouvrière pût se le procurer à un prix beaucoup plus bas, mais aussi pour permettre à l'agriculture d'en faire usage.

A la même époque, dans un Mémoire sur l'impôt du sel, l'illustre et à jamais regrettable MARÉCHAL BUGEAUD, qui, jusqu'au dernier moment, a bien voulu m'encourager dans mes efforts contre l'exagération de cet impôt, écrivait ceci :

Nier que l'usage du sel maintienne les animaux en bonne santé, donne plus de lait aux vaches, et du lait de meilleure qualité, fasse mieux engraisser les animaux qu'on destine à la boucherie, c'est nier la lumière, c'est ignorer ce que sait le dernier de nos pâtres.

M. BOUSSINGAULT, membre de l'Institut, dans son livre sur l'*Economie rurale*, écrit :

En France, on est malheureusement réduit à donner du sel avec une parcimonie excessive, et que je considère comme désavantageuse à l'industrie agricole..... Ma conviction en faveur du sel administré au bétail est formée depuis longtemps. J'ai constaté, par exemple, que des vaches laitières, nourries uniquement avec des pommes de terre, n'ont pu supporter ce régime qu'autant qu'on leur administrait une dose de sel qui s'élevait à 70 grammes par jour..... C'est surtout dans la saison chaude que le sel marin est favorable. Dans les steppes de la zone équatoriale, on considère comme parfaitement avéré que le bétail ne peut pas vivre sans sel..... Quand un troupeau prospère dans un steppe, on peut être assuré qu'il existe un *salado*, c'est-à-dire un endroit d'où il suinte de l'eau salée.

Dans des expériences faites, en 1847, par M. Boussingault, avec des rations, selon nous, insuffisantes (34 grammes par jour), sur deux lots de jeunes taureaux en voie de croissance et présentant des différences originelles de tempérament et des dispositions à se développer tellement inégales qu'il nous paraît qu'on ne pouvait établir de comparaison entre eux, le savant expérimentateur n'a trouvé qu'une augmentation peu appréciable en faveur du lot nourri au sel, mais il fait cette remarque importante :

Si le sel ajouté à la ration a un effet peu prononcé sur la croissance du bétail, il paraît avoir encore une action favorable sur l'aspect, sur les *qualités* des animaux. Jusqu'à la fin de mars, les deux lots ne présentaient pas encore une différence bien marquée dans leur aspect. Ce fut dans le courant d'avril que cette différence commença à devenir manifeste même pour un œil peu exercé. Il y avait alors six mois que le lot n° 2 ne recevait pas de sel. Chez les animaux des deux lots, le maniement indiquait bien une peau fine, moelleuse, s'étirant et se détachant des côtes; mais le poil, terne et rebroussé sur les taureaux du n° 2, était luisant et lisse sur ceux du n° 1.

A mesure que l'expérience se prolongeait, ces caractères devenaient plus tranchés; ainsi, au commencement d'octobre, le lot n° 2, après avoir été privé de sel pendant onze mois, présentait un poil ébouriffé, laissant apercevoir çà et là des places où la peau se trouvait entièrement mise à nu. Les taureaux n° 1 conservaient, au contraire, l'aspect des animaux de l'étable. Leur vivacité et les fréquents signes de vigueur qu'ils manifestaient, contrastaient avec l'allure lente et la froideur de tempérament qu'on remarquait chez le lot n° 2. Nul doute que sur le marché on n'eût obtenu un prix plus avantageux des taureaux élevés sous l'influence du sel.

M. BELLA, directeur de l'Institut agricole de Grignon, dans son rapport sur cette question au Conseil général de l'agriculture, des manufactures et du commerce, développe ainsi les mêmes doctrines agricoles :

La consommation du sel par les animaux laisse bien à désirer encore, puisque cette consommation a été presque nulle jusqu'à présent, excepté dans quelques parties montagneuses du pays où les bestiaux ne pourraient résister à l'humidité et au froid s'ils ne recevaient cette provende, et où on la leur donne d'autant plus souvent que le temps est plus mauvais et les herbes moins nutritives.

Et pourtant, le sel est partout aussi nécessaire pour le bétail que pour l'homme. Cela a été si bien compris dans les localités où le bas prix du sel a permis d'en faire usage, que les animaux en reçoivent des quantités considérables, 15 à 25 kilogrammes par tête de gros bétail. Il n'est pas douteux que l'usage de cette précieuse matière ne soit pour beaucoup dans la vigueur et la beauté des animaux de ces pays. Il y a plus, c'est qu'on cherche en vain à améliorer nos races par des croisements, si, avant tout, on n'améliore leur alimentation, et si, pour cela, on n'a recours au sel. C'est par la bouche qu'on améliore le bétail, disent les Anglais, et ils ont raison.

Grâce au sel, les animaux peuvent résister aux circonstances les plus fâcheuses. Les bêtes à laine vivent sans maladies dans les marais inondés de la Hollande : c'est au sel qu'elles le doivent. Si les bestiaux de toutes sortes peuvent résister aux climats rigoureux des hautes montagnes, aux froids, aux pluies, c'est grâce au sel. Les cavaliers savent aussi combien ils aident leurs chevaux à supporter les fatigues et les privations, et la mauvaise nourriture, en leur donnant du sel. En ce moment, les résidus des pommes de terre profondément altérées et en partie pourries sont une nourriture beaucoup meilleure pour les moutons, grâce à un supplément de sel, que les résidus des pommes de terre saines ne l'ont été les années précédentes, sans y ajouter du sel.

On pourrait citer des engraissements de moutons déjà terminés à cette époque de l'année, au moyen du résidu des pommes de terre gâtées, avec adjonction de 5 à 7 grammes de sel par tête et par jour, tandis que les années précédentes, l'engraissement durait un mois de plus, quoique les pommes de terre fussent saines ; mais le sel n'était donné qu'une fois par semaine et en moindre quantité.

C'est insister peut-être trop longuement sur ces détails; mais il est impossible d'oublier que la France, favorisée par son sol et son climat, n'a, en moyenne et relativement à d'autres pays, qu'un bétail assez imparfait; que nos bœufs ne pèsent en moyenne, que 250 à 300 kilogrammes; et que nos chevaux, en général, laissent beaucoup à désirer. Néanmoins, nos bestiaux représentent un capital énorme, et cette immense richesse pourrait être doublée facilement par une meilleure alimentation, et surtout par l'emploi du sel.

Ces assertions sont confirmées par M. MOLL, professeur d'agriculture au Conservatoire des arts et métiers. Au retour d'un voyage en Allemagne, en Belgique et en Suisse, où il avait été envoyé par le gouvernement pour recueillir tous les faits susceptibles d'éclairer la question de la production des bestiaux, M. Moll s'exprimait ainsi dans son rapport adressé à M. le ministre de l'agriculture, en 1842 :

Qu'il me soit permis, en terminant, de signaler encore une cause d'infériorité pour nos producteurs et nos engraisseurs de bestiaux, dans le haut prix du sel et dans l'impossibilité où ils sont d'en faire usage pour leurs bestiaux. Je sais que des hommes distingués ont nié l'utilité du sel pour les bestiaux; toutefois, quand cette utilité est reconnue chez tous les autres peuples et sanctionnée par l'expérience des siècles, il me semble difficile de ne pas l'admettre. Il n'y a qu'une opinion, chez les engraisseurs et chez les bouchers d'outre-Rhin, sur l'influence avantageuse qu'exerce le sel, non-seulement sur la marche de l'engraissement, mais encore sur la qualité de la viande.

Consulté plus récemment sur la valeur du proverbe : *Ein pfund saltz macht zehn pfund schmaltz*, valeur d'ailleurs assez bien prouvée par la supériorité du bétail et de la production en viande dans les pays où cet axiome guide la pratique des cultivateurs, le savant professeur faisait cette réponse :

Jusqu'à quel point ce proverbe est-il vrai? C'est ce que je n'oserais dire. Je crois cependant que dans une foule de circonstances, l'action du sel sera plus efficace encore. En d'autres termes, je pense que le grand nombre de têtes de bétail sauvées de la mort, rétablies de maladies, disposées favorablement pour l'engraissement, l'immense quantité de fourrages améliorés, le tout par son emploi, porteraient l'action du sel *à un chiffre plus élevé que ne l'indique le proverbe allemand*. Je suis également disposé à croire qu'en moyenne, *trois kilogrammes de foin salé valent plus que quatre kilogrammes de foin non salé*.

M. CUNIN-GRIDAINE, ministre de l'agriculture, dans une circulaire adressée, en 1845, aux cultivateurs, sanctionnait cette dernière opinion de sa parole, si compétente sur la matière.

M. DUMON, ministre des finances, dans l'exposé des motifs de la loi sur le sel en 1848, disait :

Dans presque tous les États de l'Allemagne, d'après les renseignements recueillis (par un agent envoyé là dans ce but par le gouvernement lui-même), le sel entre dans l'alimentation ordinaire des animaux ; il fait partie de leur régime hygiénique, et on lui attribue des effets favorables touchant l'engraissage du bétail, la production du lait et l'accroissement des vertus fertilisatrices qu'il communique au fumier.

M. Payen, professeur de chimie appliquée à l'agriculture au Conservatoire des arts et métiers, dans le procès-verbal de la discussion sur la question du sel au Congrès central d'agriculture (session de 1845), s'exprime ainsi :

L'utilité du sel marin dans l'agriculture paraît incontestable en un grand nombre de circonstances.

De ce que les animaux recherchent instinctivement le sel, on pourrait déjà conclure qu'il est favorable à leur santé.

Mais, d'ailleurs, *tous les faits prouvent* :

Qu'il excite leur appétit, et les détermine à manger des aliments de qualité inférieure, qu'ils refuseraient sans ce condiment.

Que, sous l'influence du sel, une nourriture trop aqueuse et certains fourrages avariés deviennent plus salubres.

Malgré le taux élevé de l'impôt, quelques nourrisseurs, parmi les plus habiles, entretiennent en bon état les vaches laitières, les ânesses et les chèvres, en ajoutant du sel à la nourriture, abondante en eau, qui convient pour la formation du lait.

Ainsi, l'alimentation se fait dans des conditions meilleures, lorsqu'une dose convenable de sel entre dans la ration journalière ; à cet égard, l'instinct des animaux ne les trompe donc pas.

Dès lors, on ne saurait douter qu'une telle alimentation, soutenant mieux leurs forces, développant en eux l'énergie vitale, ne dût contribuer à les rendre plus résistants aux influences des diverses maladies. Cette considération est grave et digne de fixer l'attention des agriculteurs et des économistes, à une époque où tant d'épizooties désolent nos campagnes, où des altérations nouvelles envahissent certaines cultures, et détériorent évidemment la qualité de plusieurs végétaux alimentaires.

L'emploi du sel, permettant aux animaux à l'engrais une consommation plus grande de nourriture en un temps donné, doit hâter le terme de l'engraissement ; par suite, le résultat définitif devient moins dispendieux.

On peut conclure de ces faits, que l'usage du sel rend l'alimentation plus saine et plus économique, soutient les forces digestives, et permet sans doute de tirer un meilleur parti de l'action musculaire des animaux pour le tirage des voitures et des ustensiles aratoires ; il diminue probablement les chances de maladie et de mortalité, et par son concours l'engraissement est plus profitable sous plusieurs rapports.

Un remarquable rapport fait dans ce sens par M. Hardouin fut adopté sans objections par le Congrès. Ce rapport est appuyé sur de nombreuses autorités et sur les témoignages recueillis par la Société d'agriculture de Clermont (Puy-de-Dôme) ; par le Comice de Séverac ; par la Société centrale de la Seine-Inférieure ; par les Comices de Craon, de Saint-Fargeau, de Poligny ; par les Sociétés d'agriculture de Grenoble, de la Marne, du Cantal ; par les Comices de Saint-Dié, de Nogent-le-Rotrou, de Cosne, d'Altkirch (le travail de ce dernier Comice est un des plus complets et des plus remarquables que l'on puisse rencontrer), de Beaune, de Laon, de Chartres ; par les Sociétés d'agriculture du Doubs, d'Avesnes (Nord), de Pont-l'Evêque,

2

de l'Allier. L'honorable et savant président de cette dernière Société (M. des Colombiers) a fourni de précieuses indications. Les principaux agriculteurs dont les renseignements ont été transmis par les Comices et Sociétés au Congrès, forment une longue liste d'agriculteurs de toutes les contrées de la France, liste qui se termine ainsi :

« Nous ne citons pas ici les noms de MM. les éleveurs d'Alsace, de Lorraine ou de Franche-Comté, parce qu'ils seraient en trop grand nombre. »

En 1846, M. le président du Congrès, dans son discours d'ouverture de la session, proclame que la Chambre des députés vient de rendre un grand service à l'agriculture par le projet de réduction de l'impôt du sel.

M. Wolowski, professeur d'économie politique, aussi au Conservatoire des arts et métiers, dans la presse et dans ses enseignements, a souvent exprimé, et avec chaleur, la même opinion.

M. Jacques de Valserre, auteur du *Manuel du droit rural* et professeur de législation industrielle à l'Ecole spéciale de commerce à Paris, commence en ces termes l'article qu'il consacre à cette question :

Le sel est un condiment indispensable à l'homme, aux animaux et même aux plantes.

Et après avoir adopté les rations belges, il ajoute :

Cette dépense serait amplement compensée par l'amélioration des races, la diminution des pertes par suite d'épizooties, l'augmentation du rendement, enfin le développement considérable qui en résulterait pour l'agriculture. Un gouvernement, nous ne disons pas libéral, mais soigneux de ses intérêts, ne doit donc pas ajourner un seul instant la réduction de l'impôt sur le sel.

M. de Montgaudry, qui à de profondes connaissances théoriques joint l'avantage d'avoir pratiqué, s'exprime ainsi dans ses *Observations à M. Gay-Lussac* :

L'influence du sel sur les animaux attachés à la culture est de tous les moments ; elle commence à leur naissance, continue ses bienfaits pendant leur vie entière, et ne cesse qu'avec eux. Il contribue à assimiler les races à la taille et aux formes qui peuvent se maintenir dans les localités ; il en assure la santé, facilite l'engrais en augmentant ses avantages, et dans toutes les phases de la vie agricole il est une source d'économie et de profit pour le laboureur.

Il y a deux ans qu'à la rentrée de l'Ecole de médecine, M. Dumas, aujourd'hui ministre de l'agriculture, exposant de magnifiques aperçus en faveur de l'humanité, émettait ce noble vœu :

J'aimerais à voir cette eau des mers, où viennent aboutir et se confondre tous les résidus de la vie, séparée en deux parts, obéir à la main de l'homme : lui donnant, dans les sels cristallisables qu'elle abandonne, la soude, *véri-*

table aliment pour lui et pour les animaux qu'il associe à sa destinée ; laissant, dans les sels qui ne cristallisent pas, la potasse, aliment indispensable à la vigueur des plantes qu'il met en culture.

Dans un remarquable rapport de M. LECOQ, professeur d'agriculture à Clermont (Puy-de-Dôme), on lit :

Personne ne songe à contester l'utilité du sel pour les animaux, car, malgré l'élévation de son prix, vous savez que dans un grand nombre de localités on leur en distribue, mais avec une parcimonie que nécessite un impôt plus que triple de la valeur de ce produit.

Tous les animaux aiment le sel, depuis les oiseaux jusqu'aux quadrupèdes et à l'homme. Je ne parle pas de tous ceux qui vivent dans la mer, et qui consomment le sel sans payer d'impôt.

Vous avez vu cent fois les pigeons se recueillir autour de nos sources minérales ; vous avez remarqué l'empressement avec lequel les bestiaux se dirigent vers les sources salées, et la reconnaissance avec laquelle ils accueillent ceux qui leur présentent du sel.

L'éducation des bêtes bovines, si dociles dans nos montagnes à la voix de nos pâtres, n'a coûté que quelques poignées de sel. La récompense des vaches qui traînent de lourds fardeaux dans la partie de notre département qui avoisine le Cantal, est une pincée de muriate de soude. J'ai vu sur les hautes montagnes de la Lozère, et je n'exagère pas, des blocs de granit usés par la langue des moutons. Ce sont les tables sur lesquelles les bergers leur servent le sel pendant les quatre mois de l'année qu'ils passent sur ces hautes régions, sans abri, sans litière, et n'ayant pour toute nourriture que les tiges et les feuilles durcies du *nardus stricta*, ou poil-de-bouc, herbe si dure qu'ils ne parviendraient pas à la digérer sans l'action stimulante du sel. Et croit-on, d'ailleurs, que des propriétaires habitués à compter comme le sont ceux de l'Auvergne, de la Provence et du Languedoc, consentiraient à payer d'assez grandes quantités de sel, s'ils n'en avaient pas reconnu l'indispensable nécessité ?

Personne n'ignore que le sel facilite la digestion, et que l'on peut faire manger impunément aux bestiaux des matières que leur estomac ne pourrait supporter, si on a le soin de les saupoudrer de sel ou de les arroser d'eau salée. Ce fait est si vrai, que si les plantes d'une prairie sont arrosées d'eau minérale, ou si artificiellement on a répandu à la surface des engrais salins, on voit de suite la prédilection des bestiaux pour les herbes qui ont été soumises à l'influence du sel. Que deux touffes plus vertes se présentent dans un pré ; que l'une soit produite par une masse de fumier et l'autre par un suintement d'eau salée, celle-ci sera broutée immédiatement, et l'autre sera constamment refusée. On ne peut donc nier l'action bienfaisante du sel sur l'économie animale, pourvu que, sur les animaux comme sur les plantes, on ne l'emploie pas par excès.

C'est encore comme stimulant que cette substance agit sur les animaux ; c'est en excitant leurs organes digestifs, en leur donnant du ton, de la force, de la vigueur, et en facilitant l'assimilation d'une plus grande quantité de matière nutritive.

Or, qu'arrive-t-il à des animaux qui mangent davantage et qui assimilent mieux, c'est-à-dire qui emploient à leur profit ce qu'ils consomment ? C'est qu'ils peuvent ou dépenser la force qu'ils acquièrent par une bonne alimentation, ou conserver dans leurs tissus la matière assimilée, augmenter de poids et engraisser. En résumé, l'action du sel sur les animaux sera d'augmenter la force des bêtes de trait et le poids des bestiaux à l'engrais. Ils obtiendront la force dont nous avons besoin, dans un temps plus court, et feront plus de besogne. Ils arriveront plus tôt à l'état d'embonpoint que nous cherchons, se vendront plus vite et rendront plus d'argent. Or, que demande un agriculteur, et quel est, en dernier ressort, le but de l'agriculture ? *Dépenser le moins possible et obtenir le plus possible*, ou mieux, *obtenir la plus grande différence en excès de recette sur la dépense.*

Je ne pense pas qu'aucune matière puisse contribuer davantage à ce résultat que l'emploi du sel, et son action sur les plantes et les animaux.

Nous avons vu qu'il favorisait, dans les plantes, l'absorption de l'acide carbonique, c'est-à-dire, du charbon répandu dans l'air; qu'il faisait vivre les végétaux aux dépens de l'atmosphère : il donne donc la possibilité d'augmenter les récoltes.

Il agit sur les animaux, en leur donnant la faculté de consommer une plus grande quantité d'aliments ; c'est absolument la même action, et comme les animaux se nourrissent de végétaux, le sel, appliqué des deux côtés, occasionne deux effets qui se composent et qui tournent tous deux au profit de l'agriculteur.

Vous voyez, messieurs, quelle admirable circulation, quels sublimes rapports existent entre toutes les œuvres de la nature : les végétaux se développant aux dépens du charbon que contient l'atmosphère, les animaux se nourrissant des plantes, dont la base n'est autre que le charbon aérien et invisible qu'elles se sont approprié, et les animaux rejetant de nouveau dans l'air, par l'acte de la respiration, une portion de la matière nutritive qu'ils ont acquise, matière devenue encore méconnaissable à nos yeux et prête à entrer dans de nouvelles combinaisons végétales.

Toutes ces transformations sont favorisées par une matière répandue sur toute la terre, par le *sel marin* ou *chlorure de sodium*, dont le rôle est si important dans l'économie de la nature et dans l'équilibre des êtres organisés, que Dieu l'a répandu partout à profusion, et qu'il semble y avoir attaché l'existence de tous les êtres organisés.

Libre d'entraves, avec le bas prix des transports que les voies de fer doivent nécessairement amener, le sel est appelé à régénérer l'agriculture et à la faire entrer dans une voie toute nouvelle dont les résultats sont incalculables, mais dont les résultats sont certains.

M. DE DOMBASLE reconnaît et proclame la nécessité et l'efficacité du sel pour l'engraissement :

Je n'ai jamais, dit-il, remarqué, ni dans ma pratique ni dans les observations que j'ai été à portée de faire, aucun fait qui puisse justifier la haute utilité que beaucoup de personnes attribuent à l'usage de donner du sel au bétail.....

J'en excepte néanmoins les opérations relatives à l'engraissement des bestiaux, dans lesquelles il est évidemment utile d'accroître artificiellement, par une dose de sel, l'appétit qui se soutient difficilement dans les animaux auxquels on distribue les aliments dans une proportion très-considérable, comme on doit le faire dans ce cas. Cependant, en réduisant même à cette opération les circonstances où il peut être réellement utile d'employer le sel pour les animaux, l'agriculture trouverait encore un avantage fort considérable à la suppression ou à une forte diminution de l'impôt sur le sel.

M. FAWTIER, élève de M. de Dombasle, dit dans une brochure qu fut distribuée aux Chambres en 1845 :

Par l'usage du sel, les vaches et les brebis, et, en général, tous les animaux domestiques de la classe des mammifères donnent un lait plus abondant et plus riche en parties butireuses et caséeuses. Les veaux et les agneaux qu'elles produisent sont plus vigoureux.

En Angleterre et aux Etats-Unis, l'expérience a prouvé qu'au moyen du sel l'élève des poulains est moins chanceuse et plus assurée.

Les chevaux et les bêtes à cornes qui reçoivent fréquemment du sel ont le poil plus uni et plus brillant, indice que les fonctions si essentielles de la peau s'exécutent bien.

En Espagne et dans la Grande-Bretagne, on attribue la plus heureuse influence à cette substance sur la qualité et l'abondance de la laine, à laquelle elle donne plus de nerf et d'élasticité.

Le sel augmente l'énergie du bœuf de travail et la vigueur du cheval.

Il augmente la fécondité et l'ardeur des taureaux et des béliers ; vieille expérience que, il y a trois siècles, Bernard Palissy formulait ainsi dans son vieux langage : « Le sel entretient l'amitié entre le masle et la femelle. »

Le bœuf, le mouton, le porc s'engraissent mieux, plus promptement et à moins de frais, lorsqu'ils reçoivent du sel. *Une livre de sel*, disent les Suisses, *fait dix livres de viande.*

Les bestiaux qui ont reçu du sel pendant l'engraissement fournissent une viande plus savoureuse et de meilleure qualité, témoin les moutons de prés salés, si connus des gastronomes.

Le sel, administré régulièrement à nos bestiaux, les affranchit d'une foule d'affections qui résultent de digestions mal faites, surtout dans les années où les fourrages sont de mauvaise qualité. Les coliques et les maladies d'intestins sont alors moins fréquentes ; les maladies vermineuses, principalement chez les ruminants, beaucoup plus rares et moins graves ; les porcs sont affranchis de la ladrerie, et la pourriture, ce fléau de nos bêtes à laine, est exceptionnelle dans les troupeaux suffisamment fournis de sel, et inconnue dans ceux qui paissent l'herbe salée des bords de nos mers, ou de nos prés salés de l'intérieur.

Quelques vétérinaires, et M. Dumoussy, entre autres (expériences faites au haras de Pompadour, de 1816 à 1826), ont vu dans l'usage du sel un préservatif contre la fluxion périodique chez les chevaux, c'est-à-dire contre la plus funeste affection, après la morve, qui attaque la race chevaline.

Enfin, il n'est pas jusqu'aux porcs et à la volaille qui, par l'usage de ce condiment, ne se trouvent à la fois et mieux portants et plus féconds, et plus aptes à l'engraissement.

Le sel, en résumé, est tellement utile à nos animaux domestiques, que l'observation démontre que, partout où cette substance leur est refusée, le bétail est chétif et rare ; tandis qu'il est remarquablement beau et nombreux dans les contrées où le cultivateur peut lui fournir du sel avec quelque abondance.

Dans une expérience de M. AMÉDÉE TURCK, directeur de l'Institut agricole de Sainte-Geneviève, près Nancy, quatre lots, de cinq moutons chacun, sont nourris à discrétion ; les 2ᵉ, 3ᵉ et 4ᵉ lots reçoivent du sel, le premier n'en reçoit pas.

Le 1ᵉʳ lot augmente de 9 pour 100 de son poids ;
2ᵉ — 10 — id.
3ᵉ — 21 — id.
4ᵉ — 14 — id.

Ainsi, le lot qui n'a pas reçu de sel augmente le moins ; et si l'augmentation des 2ᵉ et 4ᵉ lots n'est guère plus élevée que celle du lot qui n'a point reçu de sel, c'est que M. Turck, dans le but de varier ses essais, a donné aux 2ᵉ et 4ᵉ lots du sel avec excès, à la dose de 24 grammes par tête et par jour, c'est-à-dire à dose double du maximum indiqué par la pratique. Le 3ᵉ lot, au contraire, rationné, sous le rapport du sel, d'après la dose indiquée par les praticiens allemands, c'est-à-dire à raison de 12 grammes par tête et par jour, a présenté une augmentation de 21 pour 100, ou plus du double de celle du lot privé de sel.

Or, comme ce troisième lot a donné, sur celui qui n'a point reçu de sel, une augmentation de 14 kilogrammes et demi de viande, qui sont nécessairement le résultat de 60 grammes de sel consommés par les cinq moutons composant ce lot, il en résulte que, dans cette expérience qui a duré vingt-huit jours, un kilogramme et demi de sel a produit 14 kilogram. et demi de viande ! Ainsi se trouve confirmé le proverbe suisse : *Une livre de sel fait dix livres de viande.*

M. JULES RIEFFEL, directeur de l'Institut agricole du Grand-Jouan, savant agronome, auquel de longues années d'une pratique habile donnent une autorité que nul ne peut contester, m'écrivait :

Je pense que le dégrèvement du sel est devenu une nécessité de l'époque. L'agriculture en fera un grand usage quand elle le pourra pour amender les terres, pour le mêler dans les fumiers, pour la nourriture du bétail, pour les bêtes à laine surtout. Quoi qu'on en ait dit, il est certain que des familles pauvres se privent de sel. Il est certain aussi qu'un grand nombre de baux ont été modifiés en Bretagne par suite de l'impôt du sel. Les cultivateurs bretons en faisaient un grand usage autrefois.

M. PUVIS, le Nestor des agriculteurs de France, dans une lettre qu'il me faisait l'honneur de m'écrire en 1846, dit du sel :

Quant à son effet dans l'alimentation et l'engrais des bestiaux, je le crois très-sensible, et je regarde le sel marin comme un condiment généralement très-utile à l'économie animale ; les témoignages sont tous uniformes là-dessus.

Voici comment le dernier compte-rendu de la SOCIÉTÉ CENTRALE D'AGRICULTURE DE PARIS s'exprime sur l'emploi du sel dans l'alimentation du bétail :

Les diverses communications des membres et des correspondants de la Société centrale conduisent à penser qu'en général l'addition du sel est plus particulièrement utile pour rendre salubres et profitables aux animaux les fourrages aqueux et les racines tuberculeuses; que, sous ce rapport, les rations des vaches laitières peuvent être améliorées, et, dans cette circonstance, une partie du sel ne retourne pas aux fumiers usuels; que les foins avariés, trop secs, trop ligneux ou brisés, que l'on mouille avec de l'eau salée, peuvent, par suite, être donnés avec profit aux animaux qui les eussent refusés sans cette préparation;

Qu'ainsi l'influence du sel, dans beaucoup de circonstances, soutient les forces digestives des animaux, les fait mieux résister à certaines maladies, est favorable à l'engraissement et à la formation du lait.

Nous pourrions citer l'opinion de toutes les Sociétés d'agriculture. Dans les publications de celle du Doubs, nous lisons :

Au plus loin que se reportent vos souvenirs, vous trouvez établie, en Franche-Comté, l'habitude de donner du sel aux bestiaux, et de saler les fourrages. Les individus les plus pauvres, dans les campagnes, ne s'en dispensent que lorsque la misère les y force absolument. Ils s'imposent des privations personnelles, ils retranchent même une partie de leur propre alimentation, pour en consacrer le prix à l'acquisition du sel, qu'ils donnent à leurs bestiaux par poignée d'environ 30 grammes par animal, et par chaque jour.

Maintien de la santé des bestiaux, augmentation du lait des vaches et amélioration de ses qualités; engrais rendus plus abondants et meilleurs, parce que le sel excitant les organes digestifs, produit une consommation plus grande, et une élaboration plus complète des aliments ; tous ces divers avantages sont connus et appréciés des moindres cultivateurs de notre province. En les interrogeant sur leur expérience personnelle, il n'en est pas un qui ne vous fasse cette réponse, que nous avons constamment trouvée dans leur bouche : « Au milieu d'un troupeau, un simple coup d'œil suffit pour distinguer, à leur embonpoint et au brillant de leur poil, tous les animaux auxquels on donne du sel, de ceux qui n'en reçoivent pas. »

Quand vous leur avez, comme nous, objecté que des savants niaient l'utilité de cette substance, ne leur avez-vous pas toujours entendu dire : «Ces savants-là ne sont pas des cultivateurs; s'ils avaient vu, faute de sel, leurs bestiaux dépérir, être victimes des épidémies, refuser les fourrages des prés humides, et même les foins des prés secs, quand le temps n'a pas permis de les récolter avec soin; s'ils avaient vu des fourrages refusés ainsi, être avidement recherchés lorsqu'on les avait saupoudrés d'un peu de sel, ces savants seraient d'un tout autre avis. »

La Société d'agriculture de Saint-Quentin proclame cette opinion :

Comme stimulant, le sel a surtout la propriété de réveiller et de soutenir les forces digestives, de favoriser l'assimilation des aliments, surtout chez les herbivores, et conséquemment de procurer le même degré d'engraissement avec une moindre quantité de fourrages, ou de le hâter avec une quantité égale. Le sel peut seul permettre sans danger l'emploi des fourrages avariés dans les saisons pluvieuses, et prévenir les épizooties rendues fréquentes par l'usage de ces fourrages. Que la coutume de donner du sel aux animaux se généralise dans nos campagnes, *et il est probable que la morve et le farcin des chevaux, le charbon des bêtes à cornes, la pourriture des moutons disparaîtront* entièrement, ou du moins deviendront extrêmement rares. L'industrie du bétail

aïnsi soulagée des chances qui la rendent périlleuse et peu lucrative, se déve-
loppera rapidement. On élèvera, on engraissera davantage. Les engrais, cette
base première de toute bonne culture, augmenteront en proportion, et deviendront meilleurs. Le sol, incessamment amélioré et fertilisé, donnera de
plus amples récoltes, et l'agriculture riche et prospère réalisera d'elle-même,
sans efforts et d'une façon durable et sûre, cette baisse de prix tant réclamée,
qu'on ne saurait forcer par l'abaissement des tarifs protecteurs, sans la con-
damner à la stérilité et à la ruine.

.M. BECQUEREL, de l'Académie des sciences, professeur–adminis-
trateur du Muséum d'histoire naturelle de Paris, dans un savant ouvrage qu'il vient de publier sous ce titre : *Des engrais inorganiques*,
s'exprime ainsi :

Je n'ai nullement l'intention de traiter ici la question de l'emploi du sel
dans l'alimentation du bétail ; je me bornerai à rapporter les observations
que j'ai recueillies, cette année, dans les chalets du Jura, et qui portent avec
elles un cachet de vérité qu'on ne saurait méconnaître.

Dans les exploitations agricoles qu'il a visitées, on distribue, chaque jour, du sel au bétail, ce qui lui inspire les réflexions suivantes :

On a remarqué que cette addition de sel maintient les vaches en corps,
augmente la durée de leur lait, ainsi que la qualité ; que les vaches ont plus
d'appétit et une plus grande envie de boire ; qu'elles ont un plus bel aspect,
comme je m'en suis assuré en comparant des vaches ne recevant pas de ration
de sel à celles auxquelles on en donne ; les premières ont le poil rude et hé-
rissé, tandis que les autres ont le poil lisse, indice d'une bonne santé. — Le
lait des vaches soumises au régime salé est considéré par les fruitiers chargés de la fabrication des fromages, comme de qualité supérieure ; il est plus
gras et pèse un degré de plus au lactomètre. Cette appréciation est celle des nourrisseurs du Jura.—La ration est mêlée à la buvée ou répandue sur le fourrage.
— Il est inutile de dire que le sel administré passe dans les excrétions et sert
ainsi à enrichir les engrais d'une substance précieuse pour la végétation.

C'est encore dans l'ouvrage de M. BECQUEREL que je trouve cette
appréciation d'expériences faites par un de ses savants collègues à
l'Académie des sciences :

Les faits observés par M. Chevreul prouvent que le sel, en s'associant aux
légumes, leur donne plus de tendreté, plus d'odeur et plus de saveur ; d'où
l'on peut inférer, qu'en s'associant également aux plantes fourragères, il
leur communique, quoiqu'à un degré beaucoup moindre, les mêmes qualités,
et les rend ainsi plus propres à servir de nourriture au bétail, qui les recherche de préférence à toutes celles récoltées en terrain non salé.

M. BOUCHARDAT, pharmacien en chef à l'Hôtel-Dieu de Paris, a plusieurs fois, devant le Congrès agricole de 1847, exprimé sa conviction
de l'utilité du sel dans l'alimentation du bétail.

M. BARRAL, chargé d'un cours de chimie à l'Ecole polytechnique, vient de publier sur la question du sel un travail scientifique des plus remarquables. Là, sont prises une à une toutes les expériences faites jusqu'à ce jour, et de leur examen approfondi ressort l'avantage que l'agriculteur tire des distributions de sel faites à ses animaux.

Parmi les hommes politiques vivants, dont les noms sont chers à l'agriculture, je n'en veux citer que trois.

M. Dupin aîné disait, le 13 septembre 1846, devant le Comice agricole de Clamecy :

Une mesure urgente, et dont le bienfait sera immense, par sa généralité, c'est la diminution de l'impôt sur le sel.

M. Darblay, le 31 mai 1846, s'adressant au Comice de Seine-et-Oise, réuni à Osny, disait :

Il est une mesure non encore parvenue à son complément légal, mais qu'il ne me serait pas permis de passer ici sous silence. Le sel est un condiment indispensable à l'homme ; dans l'esprit d'un grand nombre, il ne l'est pas moins aux animaux. Nous voyons distribuer le sel au bétail en diverses contrées, où il n'a pas été porté, par l'impôt, à un taux hors de l'atteinte des cultivateurs, et hors de proportion avec les produits économiques ; toutefois, en France même, et malgré l'élévation extrême des prix, beaucoup de bons praticiens ne croient pas faire un sacrifice supérieur à la rémunération en l'employant, soit pour l'amélioration de leurs fourrages, soit pour le maintien de la santé de leurs animaux.

M. de Tracy, le 22 avril 1846, disait à la tribune :

Quant à l'alimentation du bétail, je veux faire sentir les immenses avantages de l'emploi du sel.

Et après avoir développé cette thèse, il terminait ainsi son discours :

Vous êtes dans la bonne voie, marchez-y ; votez la seule mesure bonne, équitable, qui vous ait été proposée depuis longtemps. Par une loi providentielle, tout ce qui est bien appelle le bien, comme le mal s'enchaîne avec le le mal ; ayez confiance, et vous verrez que les intérêts financiers seront, en définitive, d'accord avec ceux de la justice et de l'humanité.

Si nous étudions la question chez les nations étrangères, nous voyons, dans le journal publié sous la direction de la Société d'agriculture de Bruxelles, que, « dans les Indes Orientales, on donne du sel aux bœufs, en général, tous les jours, dans la proportion de 2 à 3 onces, qu'on mêle avec leurs aliments. Les habitants de ce pays considèrent une certaine proportion de sel comme presque aussi nécessaire à ces animaux que les aliments eux-mêmes. »

En Irlande, les porcs sont engraissés en moitié moins de temps, à l'aide du sel mêlé aux aliments.

En Angleterre, tous les hommes qui ont écrit sur l'agriculture ont proclamé l'utilité du sel dans l'alimentation du bétail.

LE DOCTEUR BROWNRIG disait en 1748 :

Le sel doit être regardé comme le condiment universel de la nature, bienfaisant et profitable à tout être possédant la vie végétative ou animale.

LE DOCTEUR ANDERSON, savant agronome, observe « qu'il n'y a pas de substance connue qui soit plus recherchée par la race des animaux graminivores que le sel commun. »

LORD SOMMERVILLE (*Facts and Observations on sheep wool*); SIR HUMPHRY DAVY, célèbre chimiste, proclament les bons effets du sel dans l'alimentation des animaux.

M. WATERTON, dont le livre est plus spécialement consacré à prouver l'efficacité du sel comme amendement des terres, s'exprime ainsi en ce qui touche le bétail :

L'avidité de tous les animaux pour le sel est remarquable. Dans leur état sauvage, ils font d'immenses trajets pour rechercher les substances salines. L'instinct leur indique cet élément essentiel de la vie, et les pousse, pendant certaines périodes de l'année, à se rendre aux sources ou lacs salés. Il semble que la nature a été soigneuse de prodiguer cet agent indispensable à l'accomplissement de ses fonctions ; car sans lui, l'homme, l'animal, et même le végétal cesseraient d'exister.

La pourriture, chez les brebis, a souvent été guérie par une dose de sel et d'eau, et la maladie qui enlève, chaque année, tant de brebis lorsqu'on les engraisse avec le trèfle, les navets ou autre nourriture verte, luxuriante, est très-efficacement prévenue par l'usage du sel.

L'épidémie qui, dans les dernières années, a été si fatale aux bêtes à cornes, et qui règne encore dans ce pays, attaque rarement les animaux auxquels on distribue du sel, et dans les premiers accès, une potion de forte saumure empêche souvent la maladie d'aller plus loin. Tout bétail qui sera pourvu de sel se nourrira mieux et aura un meilleur poil. Tout fermier, au moins tout engraisseur de bétail, connaît les propriétés nourrissantes des territoires appelés *marais salants*. Là, les brebis ne connaissent pas la pourriture.—Les chevaux y deviennent gras, et souvent ceux qui arrivent fourbus par suite d'un travail rude ou forcé, y recouvrent la santé, quoiqu'il y ait à peine apparence d'herbage sur ces marais salants.

JOHN SINCLAIR, traduit par M. de Dombasle qui le regarde comme l'un des premiers écrivains de l'Europe sur les matières agricoles, s'exprime ainsi dans son *Code de l'agriculture :*

Bétail à cornes. Nous avons déjà dit que l'usage du sel donné aux vaches augmente la quantité et améliore la qualité de leur lait ; il prévient aussi la météorisation, lorsque les bêtes sont nourries de trèfle vert ou de turneps, dont les feuilles produisent le même effet que le trèfle, lorsque les bêtes à cornes ou les moutons en mangent une quantité un peu considérable.

Les expériences de M. Curwen sur ce sujet sont extrêmement importantes. Depuis le 19 novembre 1817 jusqu'au 3 février 1818, il a donné du sel à ses bêtes à cornes, au nombre de 142 têtes, dans les proportions suivantes, par jour :

Vaches et génisses pleines..................	4 onces.
Bœufs à l'engrais......................	3 —
Bœufs de travail......................	4 —
Jeunes bêtes.......................	2 —
Veaux................:.............	1 —

Toutes ces bêtes se sont maintenues dans le meilleur état de santé, et n'ont été sujettes ni aux obstructions ni aux inflammations, comme elles l'étaient auparavant; pas une seule n'a été malade.

Dans quelques parties de l'Amérique, on donne du sel aux vaches dans la proportion d'environ 2 bushels par année.

Dans les Indes Orientales, on donne du sel aux bœufs en général, tous les jours, dans la proportion de 2 ou 3 onces, qu'on mêle avec leurs aliments. Les habitants de ce pays considèrent une certaine proportion de sel comme presque aussi nécessaire à ces animaux que les aliments eux-mêmes.

Bêtes à laine. Le sel est très-avantageux aux troupeaux de bêtes à laine. Il améliore beaucoup leur laine, comme on l'a éprouvé en Espagne et dans les îles *Sehtland*, où les pâturages sont fortement imprégnés de sel marin. Il prévient aussi la pourriture, et détruit les différentes espèces de vers qui se rencontrent dans le corps des moutons, en particulier les douves du foie (*Fascio hepatica*). On dit aussi qu'il les garantit de la gale.

En Espagne, on donne 128 liv. de sel pour 1,000 moutons, dans l'espace de cinq mois ; mais lord Sommerville pense que, sous un climat aussi humide que celui de la Grande-Bretagne, un ton (1,000 kilogr.) ne serait pas trop pour 1,000 bêtes. On doit le leur donner le matin, afin de corriger les mauvais effets de la rosée.

Porcs. Depuis quelque temps, on donne habituellement du sel aux porcs, en Irlande ; et on trouve non-seulement que cette pratique les maintient en bonne santé, mais qu'elle hâte l'engraissement. On doit mêler le sel à leur nourriture (pommes de terre) à la dose d'une bonne cuillerée dans vingt-quatre heures, ou même plus si on trouve qu'ils le mangent avec avidité, et qu'il ne les purge pas trop. Quelques-uns des porcs les plus gras qu'on ait tués en Irlande avaient été engraissés de cette manière, et n'avaient exigé que la moitié du temps nécessaire lorsqu'on ne fait pas usage de sel.

La volaille. On peut aussi donner avec avantage du sel à la volaille ; il la préserve de quelques-unes des maladies auxquelles ces animaux sont sujets.

De l'emploi du sel pour les bestiaux en général. L'expérience montre que cette substance est utile aux animaux, en donnant du ton à leur estomac, lorsqu'il est affaibli par quelques excès, soit d'aliments, soit de travail.—Il améliore la qualité du fumier, sur lequel il devient inutile de répandre du sel. Il rend les bestiaux plus dociles et plus apprivoisés. L'habitude de recevoir cette substance détruit toute leur crainte et leur timidité naturelle ; quant au bétail à cornes, les animaux les plus sauvages viennent volontiers prendre le sel à la main. En Amérique, les vaches sont si avides de sel, que, lorsqu'on a à craindre qu'elles ne s'égarent dans les immenses pâturages où elles sont abandonnées, on s'assure qu'elles reviendront à la maison en les habituant à des distributions de sel. Mais, la plus importante de toutes les considérations, c'est que le sel maintient les animaux en bonne santé. M. Mosselmann, cultivateur instruit des Pays-Bas, qui entretient environ cent bêtes à cornes, vingt-trois chevaux et deux cent cinquante moutons, a employé le sel depuis cinq ans, pendant lesquels ses bestiaux ont été entièrement exempts des maladies. »

M. Hume, membre du Parlement, consulté l'an dernier sur la convenance de la réduction de l'impôt, répondait :

Relativement à la santé des peuples et du bétail de toute race, il est impossible d'estimer la somme des avantages de l'usage libre du sel, qui maintenant est l'un des condiments les moins chers. Je ne veux pas entrer dans le détail des avantages substantiels et très-importants du sel à bas prix, relativement aux diverses branches de l'agriculture ; mais les publications de sir John Sainclair, président de la Société d'agriculture, énumèrent au long ces avantages.

« Il n'y a peut-être pas une abolition de taxe qui ait eu d'aussi heureux et d'aussi vastes résultats sur une nation, que l'abolition de l'impôt du sel en Angleterre.

Enfin, M. Cobden, cet infatigable et heureux défenseur des classes laborieuses, me faisait l'honneur de m'écrire en février 1846 :

Il m'est impossible de déterminer la quantité de sel employée par l'agriculture ; mais M. Cuthbert-William Johnson est considéré ici comme une grande autorité en ces matières. Le sel est nécessaire à l'existence de l'homme et de l'animal, etc.

Il y a longtemps que cette doctrine agricole est professée en Allemagne.

En 1570, Conrad Heresbach, dans un ouvrage sur l'agriculture, écrivait :

Il n'y a pas de prairie qui, continuellement pâturée, ne finisse par fatiguer vos brebis, à moins que le berger ne remédie à cet inconvénient en leur donnant du sel, qui est un assaisonnement à leur nourriture... Par ce moyen, vos troupeaux seront toujours en santé, plus gras, et vous donneront du lait en abondance.

En 1742, Fred. Hoffmann, professeur de physique à l'Université de Halle (de Fontibus salsis Halensibus), dit :

Qu'en Hongrie, en Pologne, en Russie, en Transylvanie et en Grèce, on donne aux animaux des blocs de sel fossile, afin de détruire chez eux la corruption interne et les maladies.

En 1806, dans un ouvrage sur la Norvège et la Laponie, M. Léopold van Buch, de Berlin, fait, en parlant du cap Nord, l'observation suivante :

Des bandes de Lapons errants dans cette contrée amènent sur les bords de la mer leurs troupeaux de rennes, qui y boivent avec avidité l'eau salée, et sont après reconduits dans les montagnes.

Les plus savants agronomes et les meilleurs cultivateurs allemands reconnaissent tous au sel l'efficacité la plus salutaire dans l'alimentation des animaux. SPRENGEL écrit :

Le sel gemme ne force pas les plantes et ne leur donne pas cette couleur vert foncé que produisent divers autres sels, mais il leur donne de la force, et, ce qui est important, il les approprie parfaitement aux goûts des animaux, qui ont tous besoin de sel pour la constitution chimique de leur corps, et, par conséquent, pour rester en bonne santé.

Il est de fait que les animaux qui consomment du sel résistent mieux au froid; et on dit que cela est vrai aussi pour les plantes, mais je ne puis l'affirmer.

A ces auteurs allemands il faut ajouter :

LE BARON D'HUPSCH (*Propositions patriotiques,* Cologne 1776) ;

D'ECHARTSHAUSEN, auteur célèbre, d'une époque antérieure, qui dit que le sel marin est, pour les animaux, un préservatif supérieur à tout autre contre la cachexie aqueuse (*gegen die Egeln Kranckeit*);

STURM, dont l'autorité comme éleveur de bestiaux est incontestable, et qui écrit :

Le sel est presque indispensable à tous les animaux qui appartiennent à la race bovine et ovine, et tout particulièrement aux moutons, parce qu'il provoque la digestion, et qu'ainsi l'animal s'en porte mieux, et que sa laine elle-même acquiert plus de qualité (*und die Wolle selbst erahlt eine bessere Qualitat*). En automne surtout, après la tonte, le sel est d'une grande nécessité.

BURGER, dont les paroles sont regardées comme classiques, et qui, dans un ouvrage intitulé : *Livre d'instruction sur l'économie rurale,* a écrit :

Les moutons aiment extraordinairement le sel, et il paraît entièrement nécessaire à la conservation de leur santé (*es scheint ihnen zur Erhaltung ihrer Gesundheit unumgaenglich nothwendig*). On doit leur en donner tous les jours; en été, dans leur lécher (*zur lecke*) ; en hiver, on doit le dissoudre dans l'eau pour en arroser leur nourriture.

PABST, directeur de la première Académie d'agriculture d'Allemagne, celle de Hohenheim ;

VEIT, directeur de l'Académie de Shleissheim, près Munich, qui, tous deux, dans l'ouvrage cité plus haut, parlent, dans le même sens, de l'efficacité du sel pour les animaux;

PÉTRI, qui, dans un livre intitulé : *Education de la race bovine* (*Das Ganze der Schafzucht* 1815), exprime la même opinion.

M. DE MONTGAUDRY, venant de parcourir l'Allemagne, me faisait l'honneur de m'écrire de Strasbourg, le 26 septembre dernier :

J'ai visité toute l'agriculture du Rhin, depuis la Hollande jusqu'à Kell, et suis allé tout exprès dans le voisinage des salines de Bavière. Partout on donne aux animaux autant de sel que le prix le permet, et on donne à la terre tout le sel qu'on peut se procurer pour elle. J'ai visité quarante fermiers et des propriétaires faisant valoir ; il n'en est pas un seul qui ne donne du sel à son bétail. L'usage du sel est aussi généralisé qu'il peut l'être dans un pays où il ne dépend pas du gouvernement de le livrer à un prix convenable pour l'agriculture. Tous les gouvernements ont baissé les droits jusqu'où ils pouvaient descendre.

Nous trouvons la confirmation de ce qui précède dans l'enquête faite en France. Voici comment s'explique un directeur de l'administration des douanes de l'une des villes frontières :

C'est à l'espèce bovine qu'est principalement réservé le sel que les habitants du pays peuvent, au prix actuel de la denrée, affecter à l'alimentation du bétail. Les chevaux n'en reçoivent point, si ce n'est dans l'arrondissement de Wissembourg, où il leur est administré de temps à autre, surtout en hiver, par quelques fermiers anabaptistes, renommés pour les soins intelligents qu'ils donnent à l'élève du bétail. *En cela ils suivent l'exemple des Allemands, leurs voisins, qui font généralement usage du sel pour les chevaux.* Ce serait même à ce régime que devrait être attribuée l'absence de la morve dans les régiments de cavalerie étrangère.

Indépendamment de l'amélioration qu'il procure au fourrage, l'emploi du sel permettrait d'en utiliser des parties aujourd'hui perdues et d'obtenir, avec de moindres quantités, des résultats plus avantageux. On trouvera ainsi la possibilité d'augmenter la production du bétail et d'alléger le tribut que nous payons à l'étranger.

Il n'est pas douteux que la réduction de l'impôt dans la proportion indiquée par la Commission ne généralisât l'emploi du sel. Ce n'est en effet qu'à regret, et en cédant à une véritable impossibilité économique, que les cultivateurs alsaciens y ont renoncé ou ont dû le restreindre. Cependant *l'expérience* de chaque jour et les résultats obtenus à l'étranger leur démontrent la nécessité d'y recourir ou d'en user avec moins de parcimonie. C'est surtout sur le gros bétail et les moutons, qu'une nourriture trop peu substantielle retient en France dans une infériorité relative fort regrettable, que l'abaissement de la taxe exercera une influence favorable. Pourvu d'une ration de sel moins exiguë, le bétail alsacien ne tarderait pas à offrir à la boucherie des sujets comparables à ceux tirés de la Bavière ou de la Suisse. On se croit donc fondé à affirmer qu'à prix réduit, l'usage du sel se répandrait promptement où il n'existe pas encore, et que l'on verrait se produire d'une manière générale l'exemple qu'a donné la Bavière rhénane, lorsqu'à la chute de l'Empire elle a cessé d'être annexée à la France.

Dans une lettre qu'il m'a fait l'honneur de m'écrire le 9 décembre 1846, M. LIEBIG, professeur à l'Université de Giessen, et l'un des plus grands chimistes de l'Europe, disait :

J'ai eu le plaisir de recevoir votre lettre du 5 novembre. J'y aurais répondu plus tôt, si je n'eusse voulu terminer une expérience qui a la plus intime connexion avec les questions que vous m'avez posées. A présent que ce travail est fini, je puis vous répondre avec assurance que le sel commun est absolument nécessaire, sur notre continent, pour la nourriture du bétail. (*Jetzt wo diese Arbeit beendigt ist, kann ich mit Sicherheit die Antwort geben, dass das Kochsalz für die Ernahrung der Thiere, auf unserm Continent, ganz unentbehrlich ist.*)

A la même époque, M. KAUFMAN, professeur à l'Université de Bonn, m'écrivait :

J'ai eu l'honneur de recevoir votre lettre du 2 décembre courant. C'est une grande joie pour moi d'être en état de vous donner des faits très-favorables au but que vous vous êtes proposé de poursuivre. Je prends la liberté de vous faire remarquer que dès 1836, dans le *Journal de l'agriculture rhénane*, fondé par moi en 1833, j'ai traité la question du sel pour le bétail, et l'ai présenté comme chose infiniment utile et nécessaire *(Dringendes bedurfniss.)*...

Parmi les renseignements qu'il me transmettait, je crois devoir citer les suivants :

Le bailly Ueberacker a fait les essais suivants :

Il sépara de son troupeau de brebis, mis à paître dans un pré situé sur un terrain bas, pendant trois ans, chaque fois dix brebis auxquelles il ne donna pas de sel, tandis que le reste de ce troupeau en recevait.

Dans la première année, des dix animaux mis à l'essai, il en périt cinq de la pourriture et de l'hydropisie de poitrine, tandis que, sur quatre cent vingt formant le troupeau, il n'en perdit que quatre.

Pendant la deuxième année, il en périt sept ; le reste du troupeau, au nombre de trois cent soixante-quatre, n'en perdit que cinq. Les trois restant des dix moururent plus tard par la dyssenterie, tandis que le troupeau, par cette même maladie, n'en perdit que vingt-un.

Dans la troisième année, qui fut humide, les dix brebis séparées périrent par suite de la maladie appelée en Allemagne *Egel-und-Lungen-Wurm-Kranckeit.* (*Traité de la Société agronomique de Vienne*, 1832.)

Expérience prouvant que le sel augmente la chair et la graisse chez les animaux.

Moutons.—La nourriture se composait de foin, paille, légumes, pommes de terre, pois et fèves, à peu près quatre livres et demie, et une once de sel par jour. L'augmentation de poids des animaux qui avaient reçu du sel, comparativement aux autres auxquels on n'en avait pas donné, s'est élevée, par tête, à trois livres et demie dans l'espace de deux mois. (*Economie rurale de Sprengel*, et feuille périodique de Forster, IV, 215.)

Le même résultat a été obtenu par *Farthmann*. Il forma six divisions de 10 pièces pour être engraissées ; la nourriture pour tous, et par jour, était 1 livre de foin, 3 livres de paille, 3 livres de pommes de terre, à quoi on a ajouté plus tard 1 livre 1/4 de fèves de marais.

Le lot n° 1 reçut par tête et par jour			1 once de sel gemme.
— 2	id.	id.	1 once de sel de bétail.
— 3	id.	id.	1/2 once de sel gemme.
— 4	id.	id.	1/2 once de sel de bétail.
— 5	id.	id.	1/8 de sel de *Glauber.*
— 6	id.	id.	point de sel.

L'accroissement du poids pour chaque mouton, en moyenne, s'est monté, savoir :

N° 1, 17 liv. 7/10; n° 2, 16 1/10; n° 3, 16 9/10; n° 4, 16 7/10; n° 5, 16 4/10; n° 6, 13 1/10 livres.

Le sel s'est montré encore bienfaisant ici, lorsqu'on employa pendant quelque temps des pommes de terre qui avaient souffert du froid. Toutes les divisions rétrogradèrent pour le poids, mais aucune plus que le n° 6, dont quelques animaux ont diminué de 1 à 2 livres. (Communication de l'*Union centrale de l'économie rurale de la Silésie*, 1845, II, 1846.)

AUGMENTATION DE LA CHAIR ET DE LA LAINE.

On délivra un drachme de sel par tête et par jour; en outre, on donna aux animaux 3 livres de pommes de terre et 4 1/2 à 5 livres de paille de seigle. Ceux qui avaient reçu du sel consommaient bien 3/8 de leur paille; ceux qui en avaient été privés n'en consommaient même pas 1/3. Dans un laps de temps de 124 jours, ceux qui reçurent du sel présentaient un accroissement de poids de 12 livres, et les autres à peine de 3 livres, et, lors de la tonte, les premiers ont donné 1 livre et 23 onces de laine de plus que les derniers [1].

Cette dernière remarque, en ce qui touche la laine des animaux consommant du sel, n'est pas la seule qui ait été faite à cet égard.

Dans son dernier rapport au *Congrès central d'agriculture*, M. HARDOUIN, dit :

Il a été présenté à la Commission des lots de laine. Elle a pu constater que l'emploi du sel à la dose de 9 à 12 grammes par jour et par tête, pendant 42 jours, avait activé la croissance de la laine et amélioré sa qualité.

QUALITÉ DE LA CHAIR DES ANIMAUX NOURRIS AU SEL.

Quant au bétail nourri avec des plantes salées, dit M. Becquerel (*Des engrais inorganiques*, p. 234), on sait, par expérience, que la viande est de qualité supérieure, comme le mouton de pré salé en est un exemple. La nature des herbages, et le sel qui s'y trouve incorporé, doivent en être les causes fondamentales ; aussi doit-il exister une certaine relation entre cette qualité et les effets produits par la cuisson de la viande dans l'eau salée, effets qui sont toutefois moins marqués que ceux que l'on obtient dans la décoction des légumes.

MM. les bouchers de l'Alsace (voir les rapports des agents de l'administration, enquête de 1845), ceux de Paris (voir la lettre de leur syndic, rapport au Congrès central d'agriculture), attestent la supériorité de la qualité de la viande provenant des animaux qui ont reçu du sel sur celle des animaux qui en ont été privés. MM. Payen et de Vogué, devant le Congrès, ont exprimé la même opinion. Le certificat ci-joint confirme cette vérité, que met depuis longtemps hors de doute la réputation des moutons de pré salé :

Je, soussigné, déclare que les animaux que j'ai achetés à M. Amédée Turck, directeur de l'Institut agricole de Sainte-Geneviève, qui ont été soumis chez lui à l'expérience qu'il a faite pour connaître la puissance du sel dans l'engraissement des animaux, ont présenté une supériorité frappante de chair sur le lot qui a été privé de cette précieuse substance.

---

[1] La livre de Prusse contient 32 onces et vaut 0.467 grammes.
L'arpent contient 180 verges et vaut 0.255 centiares.

Ce résultat est d'ailleurs un fait acquis depuis longtemps pour tous les bouchers, qui préfèrent les animaux nourris chez des éleveurs qui donnent du sel.

PIERRON,
propriétaire et marchand boucher.

EMPLOI DU SEL DANS L'ALIMENTATION DES CHEVAUX.

Dans l'ouvrage déjà mentionné de JOHN SINCLAIR, nous voyons, par les exemples qu'il cite, qu'en Angleterre le sel est regardé comme aussi utile aux chevaux qu'aux autres animaux; qu'il les fait manger avec plus d'appétit, travailler avec plus d'ardeur et les maintient en meilleur état.

Dans un *Mémoire sur l'importance de l'emploi du sel pour les animaux*, publié récemment par M. MICHEL TRONE, entrepreneur des transports par chevaux de la compagnie du chemin de fer de Saint-Etienne à Lyon, je lis le passage suivant :

Au moment où une question de la plus haute importance pour le bien-être général du pays va être portée devant les Chambres législatives, je croirais manquer à mon devoir de bon citoyen si je gardais le silence, et si je m'abstenais d'exposer, en faveur de la réforme demandée pour l'impôt du sel, quelques faits qui prouvent combien l'usage de ce condiment peut être avantageux pour les animaux domestiques, qui composent une si grande partie de la richesse nationale.

Chargé, depuis 1835, de l'entreprise des transports par chevaux de la Compagnie du chemin de fer de Saint-Etienne à Lyon, j'éprouvais chaque année des pertes assez considérables. Les maladies de poitrine, les affections vertigineuses, la morve surtout, diminuèrent les sujets de mon exploitation. En 1841, depuis le mois de septembre jusqu'à la fin de décembre, en quatre mois, j'ai perdu 48 chevaux sur 200 environ que je possédais : 18 ont péri de la morve, 16 de maladies de poitrine, et 14 du vertige abdominal. J'attribuai toutes ces affections aux pluies fréquentes et presque continuelles de la saison d'hiver.

Malgré la haute capacité et le zèle que déployait, dans cette circonstance, le vétérinaire qui est attaché à mon établissement, voyant que les maladies précitées faisaient chaque jour des progrès alarmants, j'allai consulter M. Rainard, professeur de clinique, aujourd'hui directeur de l'Ecole royale vétérinaire de Lyon. Je lui fis observer que, sur la plus grande partie des chevaux morts du vertige, nous trouvions, à l'autopsie, l'estomac plein d'aliments, ce qui indiquait de mauvaises digestions, dues sans doute aux pluies continuelles et à une grande fatigue résultant du travail. M. Rainard me donna le conseil de parfumer régulièrement les écuries, trois fois par jour, avec de l'encens et du genièvre, ainsi que de faire, une fois par semaine, un lavage avec le chlorure de chaux, pour désinfecter les murs et arrêter les progrès de la morve. Il ajouta ces mots : « C'est du sel qu'il faut donner à vos chevaux, et régulièrement tous les jours, jusqu'à ce que vous ayez arrêté les progrès de leurs maladies. »

Je suivis, en effet, ces sages conseils, qui me donnèrent d'excellents résultats. En peu de jours ces maladies cessèrent comme par enchantement; je vis surtout disparaître le vertige, qui m'enlevait alors un ou deux chevaux par semaine. Depuis cette époque jusqu'à présent, je n'ai plus éprouvé de perte semblable ; cependant j'ai possédé au moins 200 chevaux jusqu'en août 1844, et une centaine environ jusqu'en août 1846. En un mot, il est à remarquer qu'une maladie de ce genre, qui m'occasionnait tant de pertes, n'a plus reparu depuis que j'ai fait usage du sel. Depuis 1841, j'ai encore eu trois ou quatre cas isolés de morve ; mais je dois dire que ces cas n'ont atteint que des sujets qui avaient éprouvé de grandes souffrances, surtout à la suite de maux de pieds. Quant aux souffrances de poitrine, elles ont diminué, sous l'influence de ce régime, dans la proportion d'un à dix. Ainsi, je puis affirmer, d'après ma propre expérience, que le sel est un condiment d'une grande utilité pour la race chevaline ; qu'il donne du ton à l'estomac, et facilite surtout les digestions, dont le moindre dérangement est si funeste dans le cheval.

Je donne régulièrement un demi-kilogr. de sel par semaine pour quatre chevaux quand le temps est beau, et tous les jours la même dose quand il pleut, ou lorsque les chevaux rentrent mouillés à l'écurie.

Il me serait possible de citer encore plusieurs maîtres de poste qui, comme moi, ont obtenu des résultats très-satisfaisants par une distribution régulière de sel à leurs chevaux.

J'ai la ferme conviction que, si le gouvernement prescrivait l'emploi du sel pour les chevaux de troupe, il n'éprouverait pas des pertes aussi fortes, et trouverait ainsi, sous le rapport des remontes, une immense économie.

J'ai reçu dernièrement une lettre de M. le docteur PLOUVIER, de Lille, où je trouve les passages suivants :

MONSIEUR,

Je vous suis extrêmement reconnaissant pour vos deux brochures, que j'ai lues avec d'autant plus d'intérêt, que je m'occupe depuis 1842, d'une manière toute particulière, comme j'ai eu l'honneur de vous l'écrire, du sel comme aliment et comme agent thérapeutique. Vous le savez, les opinions sont encore aujourd'hui bien partagées sur la valeur nutritive de ce condiment. MM. Gay-Lussac et Boussingault la nient, ou du moins n'y croient guère : ils ne le considèrent que comme un précieux assaisonnement, utile pour faciliter la digestion des aliments, mais rien de plus. En présence d'hommes aussi éminents dans la science, dont l'influence morale sur le public est immense, ce n'est plus, pour ceux qui veulent s'occuper de la question en litige, par de simples assertions, voire même par des explications scientifiques, mais par des faits nombreux, bien observés et surtout bien dirigés, qu'il faut essayer de porter la conviction chez les incrédules. Aussi me suis-je décidé à poursuivre mes expérimentations encore deux ou trois mois (convaincu que je suis dans le vrai), pour compléter mon travail et le livrer à la publicité. En attendant son impression, je vais vous donner les conclusions auxquelles je suis arrivé, conclusions dont vous pouvez faire tel usage que vous jugerez convenable.

Vous verrez que je vais bien au delà de vos prévisions ; que, loin de croire que vous exagérez l'importance de l'usage du sel dans l'alimentation, à mon avis vous êtes resté, avec la Commission de la Chambre des députés, en dessous de la vérité, en dessous de ce qui se réalisera un jour ; car la consommation rationnelle pour les bestiaux devrait être bien plus considérable que vous ne l'estimez.

Le sel, donné à dose suffisante, peut remplacer avantageusement une partie de la ration de la race chevaline, j'aurais pu dire également des races bovine, ovine; mais, comme mes expériences n'ont pas été assez nombreuses ni assez régulières sur tous ces animaux, je m'en tiens à la race chevaline qui est la seule, selon moi, sur laquelle on devrait répéter les expérimentations pour *étudier* et *trancher* la question controversée. Voici encore une observation qui vient à l'appui de l'opinion que je soutiens.

Un cheval de luxe, de cinq ans, pesant 465 kilog. le 21 janvier, consommait :
Depuis neuf mois, par jour. . . . . . 10 litres d'avoine.
— — 6 kilog. de paille.
— — 3 kilog. de foin.

Le 22, sans rien diminuer à sa ration, j'y fis ajouter 50 grammes de sel gris par jour. Il ne fut pas altéré. Le 2 février, il pesait 470 kilog. Il y avait une augmentation de 5 kilog. en douze jours. Ce cheval devenant fougueux, on ne pouvait plus continuer un tel régime. Je crus alors le moment venu d'essayer de l'entretenir au poids de 470 kilog., en diminuant ses fourrages. A partir du 3, on ne donna plus que 6 litres d'avoine au lieu de 10; mais on ajouta 50 grammes de sel, ce qui portait la dose à 100 grammes. Le 14, en effet, la question était jugée (pour ce court espace de temps); il pesait le même poids, 470 kilog. *Ensuite je voulus voir, en supprimant le sel et en le laissant à la ration de 6 litres d'avoine, quel serait le résultat de ces suppressions. Le 22 février, il était diminué de 10 kilog.; il ne pesait plus que 460 kilog.*

Peut-on voir rien de plus concluant, et de plus facile à répéter pour ceux qui doutent? Comment peut-il y avoir encore dissidence dans une question qui devrait être résolue depuis si longtemps, dont la solution est si importante, et qu'il serait si facile d'apprécier, de juger promptement à sa valeur? C'est réellement à n'y rien comprendre.

J'estime que, pour le cheval et le bœuf, 100 à 150 grammes de sel par jour peuvent représenter un quart, un cinquième de leur ration, ou, qu'avec un quart environ en moins de fourrages, on peut obtenir les mêmes effets, le même entretien *par l'adjonction du sel.* Ainsi, pour conserver des chevaux dans le même état, on peut le faire en remplaçant une partie de leur avoine par une dose de sel. Il y aurait de cette manière, sur ceux qui ne fatiguent pas beaucoup et dont la ration est ordinaire, une économie de 60 à 75 c., et de plus de 1 fr. pour ceux qui fatiguent beaucoup et qui, au lieu de 10 litres, en consomment 16 par jour. Pour tirer tous les avantages que peut donner cette précieuse denrée, rien que chez le bétail, je le répète, je suis convaincu que la consommation devra être bien plus considérable que vous ne le pensez..... A petite dose chez l'homme (4 à 5 grammes), ses effets sont nuls ou inappréciables. Il en est de même chez le cheval : il a une action presque insignifiante à 25 ou 30 grammes. La dose *rationnelle* est de 90 à 130 *grammes*; pour le bœuf, de 150 *grammes*.

J'ai l'honneur, etc. PLOUVIER.

EMPLOI DU SEL CONTRE LES MALADIES ET LES ÉPIZOOTIES.

Aux nombreux témoignages cités sur ce sujet, nous ajouterons les suivants, comme plus spéciaux à la matière qui nous occupe dans ce chapitre.

En 1817, M. CURVEN, membre du Parlement, s'exprimait ainsi :

L'importance du libre usage du sel ne peut pas être estimée trop haut. J'ai été longtemps habitué à distribuer le sel comme médecine au bétail, et, d'après mon expérience de ses salutaires effets, je puis considérer que son libre emploi, comme condiment, serait le plus grand bienfait que le gouvernement pût octroyer à l'agriculteur.

Dans une lettre de 1819, à M. C.-William Johnson, il disait :

Au printemps, mon troupeau a été pris d'une maladie inflammatoire. Je donnai considérablement de sel ; quelques animaux en reçurent jusqu'à 5 onces par jour. La maladie fut bientôt arrêtée par ce moyen.

En 1820, dans un rapport à la Société d'agriculture de Werkington, dont il était président, il ajoutait :

Avant que le libre usage du sel fût permis aux agriculteurs par une modération de taxe, les moutons ne pouvaient être entretenus sur une terre forte et retenant l'humidité, sans grand risque de perte. Le sel a été reconnu les conserver en parfaite santé sur de pareils pâturages, et les troupeaux peuvent maintenant être nourris en toute sécurité sur des terrains où auparavant il n'était nullement prudent de les hasarder.

Dans le rapport fait en 1847 par M. DE BURDINE, à la Chambre des députés belges, sur le projet de loi exemptant de l'accise le sel employé dans l'alimentation des troupeaux, nous lisons :

A la suite de l'été de 1845, la pourriture a fait des ravages sur plusieurs points du pays, et plus de 12,000 têtes de bétail appartenant à la race ovine ont péri dans la province de Liège. *Ce désastre eût été évité, si le soir on avait donné au bétail des pierres de sel à lécher, lorsqu'il rentrait à l'étable.*

L'emploi du sel est un grand préservatif contre les épizooties, c'est un fait très-connu ; il faut être étranger à l'éducation des animaux pour émettre un doute sur ses effets bienfaisants.

Les pétitions des cultivateurs de la commune de Glons et Slins, qui ont été renvoyées à votre Commission, demandent l'exemption de l'accise sur le sel pour la nourriture du bétail, comme préservatif contre l'épizootie.

Le gouvernement a satisfait à cette demande par la présentation d'un projet de loi.

Le prix élevé du sel empêche la plus grande partie des cultivateurs de l'employer. *Il a été reconnu que ceux qui ont fait usage du sel brut ont conservé leur bétail, tandis que chez les autres on a vu disparaître les troupeaux.*

La Commission est d'avis que le sel employé dans la nourriture du bétail, soit mêlé avec l'eau, soit autrement, est d'un grand avantage pour conserver la santé des animaux ruminants (espèces bovine, ovine, etc.); mais elle croit que lorsqu'il s'agit de donner le sel aux animaux destinés à l'engraissement, il est utile de toute manière. Il n'en est pas ainsi quand il s'agit d'élever le bétail : le sel brut est alors indispensable : le sel mélangé avec de l'eau engraisse, mais ne préserve pas de la maladie vulgairement appelée *pourriture*, il ne fait qu'en retarder les effets.

Les considérations qui précèdent paraissent à la Commission d'une assez haute importance pour appeler l'attention de M. le ministre des finances, à qui elle en abandonne l'appréciation.

Quant à la seconde observation (l'emploi du sel comme amendement des terres), la Commission pense qu'il y aurait lieu de l'accueillir, si M. le ministre est d'avis que l'intérêt du Trésor ne s'oppose point à ce qu'il y soit fait droit.

Elle propose, en conséquence, d'ajouter au premier paragraphe de l'article : *ou à l'amendement des terres*, et adopte l'article unique du projet modifié en ce sens.

Les Chambres ont adopté, et nous sanctionnons ce qui suit :

Article unique. — L'exemption de l'accise pourra être accordée sur le sel employé à l'alimentation du bétail *ou à l'amendement des terres*.

LÉOPOLD, ROI DES BELGES.

Le Mémoire de M. VIRGILE LABASTIDE, cité précédemment, est accompagné de notes explicatives, dont j'extrais le passage suivant :

Il est certain qu'un fréquent usage du sel, rendant les bestiaux plus vigoureux, les préserverait de plusieurs incommodités qui les font périr lorsqu'ils sont faibles, au lieu qu'ils n'en ressentiraient pas, le plus souvent, la moindre impression, s'ils étaient vigoureux.

Le sel n'est pas moins un préservatif universel pour les bêtes de labourage ; on en sera aisément persuadé par l'exemple de ce qui s'est passé dans ma terre de la Bastide, qui est dans un quartier salé, et très-salé. Dans l'espace de trente ans et plus, il n'y est mort qu'une seule bête de labourage, dont même on ne savait pas l'âge, tant elle était vieille ; par la même raison, l'on n'y en voit jamais de malades, ce qui est de fait.

Dans son rapport au Congrès central d'agriculture, M. HARDOUIN dit :

L'usage du sel contre la cachexie aqueuse est un fait non-seulement certain, mais encore fréquent, et qui le serait bien davantage sans l'excessive cherté du sel.

Dans les *Observations de M. Cuthbert Johnson*, sur l'emploi du sel en agriculture, ouvrage qui est en Angleterre à sa treizième édition, et dont j'ai donné une traduction en 1846, nous lisons :

L'importance du sel pour le bétail est tellement admise, même par les personnes qui contestent sa valeur comme engrais, que je ne crois pas devoir m'arrêter longtemps sur ce sujet. Il est prouvé que si les moutons consommaient du sel en quantité suffisante, ils ne seraient jamais sujets à la maladie appelée la pourriture. N'est-ce pas là un fait digne de la plus sérieuse attention des cultivateurs ? Je ne veux citer qu'un fait : M. Rusher de Stanley, dans l'automne de 1828, acheta, presque pour rien, vingt brebis bien décidément atteintes de la pourriture, et donna à chacune d'elles, chaque matin, une once de sel. Deux seulement moururent pendant l'hiver, les dix-huit autres furent guéries, et sont maintenant entourées de leurs agneaux.

M. PUVIS dit sur ce sujet :

Je n'ai donné personnellement le sel qu'à des moutons, pour les défendre de la cachexie aqueuse ; mais, comme tous les ruminants sont sujets à cette maladie, que, dans toutes les années humides, on voit périr une foule d'éléves, et même de bêtes adultes de la race bovine, de cette maladie, je ne doute pas que l'usage du sel ne les préservât aussi bien que les moutons. C'est là un emploi très-important, et un besoin qui se manifeste sur tous les terrains humides, qui composent plus du tiers de la France.

Dans le Mémoire précité, M. MICHEL TRONE atteste les faits suivants :

En 1842, une épizootie se déclara dans le canton de Saint-Chamond (Loire), dans un hameau appelé Vauron. Il y a, entre autres, trois fermes assez importantes, dont les maisons d'exploitation sont presque adjacentes les unes aux autres ; elles sont exploitées, l'une par M. Fulchiron, propriétaire ; une seconde par M. Pascal, fermier de M. Garand ; et la troisième par M. Gerin, fermier de l'hospice de Saint-Chamond. Tous trois possédaient environ douze bêtes à cornes chacun.

Aussitôt que cette maladie s'est déclarée dans le canton, j'ai conseillé à M. Fulchiron, que je visitais souvent, de donner, deux ou trois fois par semaine, du sel à ses bœufs et vaches, pour les préserver de la maladie. Je fis inutilement la même recommandation aux deux autres fermiers ; ceux-ci, sous l'influence de certains empiriques, malheureusement trop écoutés dans les campagnes, refusèrent de s'y rendre, sous prétexte qu'elle serait plutôt nuisible à leurs bestiaux. Mais ils ne tardèrent pas à s'apercevoir de leur faute ; ils payèrent cher les mauvais avis qui leur avaient été donnés. L'épizootie ne tarda pas à se déclarer dans leur étable ; en peu de temps M. Pascal perdit huit bœufs ou vaches sur douze : M. Gerin en perdit six.

Je pourrais citer aussi M. Bossu, propriétaire, du hameau de la Rivolanche, et M. Chatagnan, fermier de M. Chaland, à la Chal ; deux habitants de la commune de Saint-Paul-en-Jarret (Loire), séparée de Vauron par un kilomètre de distance, qui firent de grandes pertes, ainsi que beaucoup d'autres propriétaires du même canton. M. Fulchiron, au contraire, n'a vu la maladie atteindre aucune de ses bêtes à cornes, qui cependant allaient boire à la même rivière, consommaient les fourrages des mêmes prairies, et ne cessaient de travailler ; à n'en pas douter, c'est le sel qui les a préservées de l'épidémie.

L'honorable M. DE TRACY disoit, à la tribune de la Chambre des députés, en 1846 :

Quant à l'alimentation du bétail, je veux faire ressortir les immenses avantages de l'emploi du sel. Dans le pays que j'habite, et qui ressemble en cela à une grande partie de la France, tous les trois ou quatre ans les troupeaux sont ravagés par la pourriture. Celui qui exprime ici son opinion en a fait la triste expérience. Il y a deux ans, je possédais un troupeau de 800 bons métis mérinos : en six ou huit mois, j'en ai perdu 500, et bien certainement, si j'eusse pu m'en douter, même au prix où est le sel, j'aurais prévenu cette perte au moyen de son administration. Je me suis trouvé au Congrès agricole avec un des plus habiles agriculteurs du département de la Somme, M. Fouquier d'Hérouelles, qui me dit que jamais aucun de ses moutons n'a été atteint de la pourriture, sur un sol assez humide, parce qu'il leur donnait une ration de sel.

Parmi une foule d'autres, nous citerons encore les témoignages de M. A. TURCK ; de M. BELLA, dans son dernier rapport au Conseil général de l'agriculture et du commerce; de M. WATERTON, qui, dans un ouvrage communiqué par le gouvernement à la Commission de la Chambre des députés, écrit que :

La pourriture chez les brebis est très-efficacement prévenue par l'usage du sel.

Nous citerons aussi l'opinion de l'honorable M. CUNIN-GRIDAINE, ministre de l'agriculture, conseillant aux cultivateurs l'emploi du sel pour leur bétail, *comme un excellent antiputride;*

Et enfin celle de l'Académie de médecine qui, dans un savant rapport rédigé par M. le docteur Mélier en 1847, « Appelait de ses vœux le moment où, d'un chiffre aussi exagéré et hors de toute mesure, l'impôt du sel sera abaissé à un taux raisonnable et qui soit en rapport avec les besoins de l'homme, des animaux et de l'intérêt bien entendu de l'agriculture. »

MÉTHODE ADOPTÉE POUR LA DISTRIBUTION DU SEL, EN SUISSE ET DANS LES MONTAGNES DU JURA.

Dans les chalets, où les vaches sont constamment à la pâture et ne reçoivent rien à l'écurie, on leur donne une poignée de sel deux fois par jour.

Dans les fermes, on en saupoudre le fourrage, ou plus souvent ce qu'on appelle *le lécher*, c'est-à-dire un composé de racines fourragères, de débris de jardinage, d'herbes, de fenasse, de son, de pommes de terre. Ce mélange, haché et cuit, est servi tiède aux vaches qui en sont très-friandes. Les cultivateurs savent, par expérience, que cette alimentation ajoute à la quantité et à la qualité du lait.

Quand les vaches qui passent les nuits d'automne dans les pâturages des hautes montagnes ont pris froid, on les réchauffe en leur administrant successivement plusieurs poignées de sel; on voit en peu d'instants se manifester une forte transpiration, à la suite de laquelle l'animal reprend toute sa vigueur.

Voici les procédés employés en Angleterre, tels que les donne JOHN SINCLAIR.

Quelques personnes distribuent le sel en poudre sur des tuiles, des pierres plates ou des étoffes grossières. D'autres placent dans les mangeoires de leurs étables de grosses pierres de sel, ou les suspendent de manière que les bêtes à cornes ou les moutons puissent venir les lécher. En Suède, on mêle le sel avec du bois vermoulu et des baies de genièvre, et on le donne, soit en poudre grossière, ou en formant avec du goudron une pâte épaisse qu'on met dans une pièce de bois creusée, qu'on place au milieu de la bergerie, en mettant en travers quelques branches d'arbres pour empêcher que les bêtes ne se salissent en se frottant contre cette pâte. Quelques personnes y mêlent du soufre, ce qui doit être très-bon pour les troupeaux qui sont sujets aux maladies cutanées. On y mêle quelquefois aussi de la tanaisie, des baies de laurier et de l'ail, comme préservatifs contre les vers et la cachexie.

RATIONS DE SEL USITÉES EN FRANCE ET DANS DIVERS PAYS POUR L'ALIMENTATION DES BESTIAUX.

La Société d'agriculture de l'arrondissement d'Avesnes fixe de la manière suivante la ration de sel, par chaque tête de bétail :

Cheval, 90 grammes par jour. — Bœuf, 120 gr. — Vache, 100 gr. — Mouton, 15 gr. — Porc, 25 gr.

Elle ajoute :

M. Léon d'Herlincourt, l'un des agronomes les plus considérables, ancien député, secrétaire de la Société d'agriculture du département du Pas-de-Calais, peut être consulté avec d'autant plus de fruit, qu'il se livre particulièrement à l'élève des chevaux et des bestiaux, et qu'il emploie dans toutes les branches de sa vaste exploitation les méthodes les plus avancées.

Voici ce que M. d'Herlincourt, lui-même, a déclaré dans l'enquête faite par les agents du gouvernement :

L'usage du sel pour les bestiaux est généralement nul dans les campagnes, à cause de son prix élevé ; on n'en donne qu'un peu en hiver aux moutons, mais en faible quantité. Cependant j'en donne à mes chevaux, à mes bœufs de travail, à mes vaches et à mes moutons, en arrosant avec de l'eau salée de l'hivernage haché, mêlée avec l'avoine pour les chevaux, avec de la pulpe de betteraves pour les bœufs, et avec des pommes de terre pour les vaches et les moutons.

Mes doses sont de :

20	grammes pour un cheval par jour.	
40	— pour un bœuf	—
35	— pour une vache	—
10	— pour un mouton	—
05	— pour un agneau	—
12	— pour un porc	—

Si la taxe était abaissée de dix francs, j'en donnerais le double.

Les relations suivantes ont été adoptées par le Congrès central d'agriculture sur le rapport de M. Hardouin, qui s'exprime ainsi :

Des données que votre Commission a puisées dans les renseignements fournis par les Comices et Sociétés qui ont, en grand nombre, répondu à votre appel, ainsi que par plusieurs expérimentateurs habiles qu'elle a entendus, il est résulté pour elle qu'en France, la ration d'engraissement atteint tout au moins les proportions suivantes pour les cultivateurs qui ont les ressources suffisantes à l'acquisition du sel, savoir :

1° Par tête de gros bétail : de 80 à 120 grammes par jour.
2° Par porc : de 20 à 30.
3° Par mouton : de 15 à 20.

Quant à la ration d'entretien, tous les renseignements recueillis nous ont également convaincus que les quantités indiquées dans le rapport fait l'an dernier à la Chambre des députés, par l'honorable M. Dessauret [1], et admises par

---

[1] Espèce bovine, 64 grammes. — Chevaline, 32 gr. — Porcine, 20 gr. — Ovine et chèvres, 16 gr.

le gouvernement lui-même[1], sont bien plutôt inférieures que supérieures à ce qui est nécessaire, à ce qui est même d'usage en un certain nombre de localités.

Dans l'ouvrage de M. C. JOHNSON, déjà plusieurs fois cité, je trouve le passage suivant :

L'importance du sel pour le bétail est tellement admise même par les personnes qui contestent sa valeur comme engrais, que je ne crois pas devoir m'arrêter longtemps sur ce sujet; quand l'animal est à l'état sauvage, on observe qu'à de certaines époques de l'année il recherche avec une grande avidité les eaux salées, soit de la mer, soit des sources de l'intérieur du pays, et tout agriculteur a pu remarquer que le bétail et les chevaux sont très-empressés à lécher les matières salées qui peuvent se trouver dans les cours et les écuries de la ferme. En Espagne, on distribue régulièrement 112 livres de sel dans cinq mois à 100 brebis. J'affirme sans crainte que l'importance du sel pour le bétail est incontestablement démontrée, quelque imparfaitement que soit encore établie la coutume d'en distribuer. Voici le résultat des expériences de M. Curven, du Cumberland. Depuis plusieurs années il distribue chaque jour :

A un cheval, 6 onces[2].
A une vache à lait, 4 onces.
A un bœuf, 6 onces.
A une bête d'un an, 3 onces.
A un veau, 1 once.
A une brebis, 2 à 4 onces par semaine.

S'ils sont nourris de fourrages secs. Si, au contraire, ils sont nourris de navets et de choux, on peut leur donner du sel sans limites.

Quelques personnes donnent le sel au bétail sur une ardoise ou une pierre; d'autres le mettent dans la mangeoire.

M. Kimberley, fermier à Trotsworth, ajoute M. JOHNSON, m'écrit :

Depuis dix ans, j'emploie le sel en considérable quantité avec les résultats les plus favorables; dans le fait, je ne connais pas de condiment égal au sel convenablement administré, et qui aide autant à améliorer la condition du bétail de toute sorte, en même temps qu'il augmente la qualité du fumier produit par ce bétail.

Sir Jacob Asbley, de Melton, dans le Norfolk, donne à peu près une cuillerée de sel par semaine à chacun de ses chiens. Il leur épargne ainsi toute maladie, et les conserve dans le plus bel état de santé et de vigueur. Il leur administre le sel roulé dans du papier, comme une boulette.

Dans l'enquête faite par le Parlement anglais en 1818, nous trouvons à chaque page des dépositions du genre de celle-ci :

---

[1] Ordonnance du 26 février 1846, et circulaire de M. le ministre du commerce et de l'agriculture. Une circulaire récente (octobre 1846) de M. Lanjuinais, indique à peu près les mêmes quantités.

[2] L'once anglaise est de 28 grammes, 33.

William Glover, fermier à Shoose, paroisse de Workington (Northumberland), prête serment et déclare qu'il a commencé à donner du sel au bétail depuis le 12 novembre dernier, dans les quantités suivantes :

40 vaches à lait et génisses destinées à la reproduction,
chacune......................... 4 onces par jour, soit 112 gr.
14 bœufs à l'engrais et 16 bœufs de travail, chacun................... 4   —   112
27 jeunes bêtes d'un à deux ans,
chacune......................... 2 onces par jour,   56 gr.
2 taureaux et 48 chevaux, chacun... 4   —   112
444 brebis, 2 onces chacune par semaine, en deux fois............. »   —

Les avantages du sel sont grands, puisque depuis qu'on en a distribué aucun animal n'est mort de maladie, et aucune brebis n'a été atteinte de pourriture. Dans les autres années, on perdait plusieurs brebis et moutons de maladie. Les animaux reçoivent deux fois par jour le sel mêlé à de la paille avariée, ce qui la leur fait consommer aussi bien que toute autre nourriture inférieure. Les chevaux le reçoivent aussi deux fois par jour, dans des pommes de terre gâtées, ce qui leur fait nettoyer à fond leur crèche, et les maintient en santé et bonne condition. Le bétail a toujours été dans l'état le plus prospère depuis qu'on a introduit l'usage du sel. Depuis dix ans que le témoin tient du bétail à la ferme de Shoose, les animaux n'ont jamais été si longtemps exempts de maladie. Ils étaient auparavant sujets aux obstructions et inflammations..... Les quatorze bœufs à l'engrais ci-dessus mentionnés ont été nourris avec de la paille avariée et des navets seulement (*were fed on straw steamed chaff, and turnips only*). Huit d'entre eux ont été pesés le 15 février dernier et le 17 de ce mois de mars. L'augmentation de poids de ces huit animaux était de 30 *stones* de 14 livres chaque (poids français, 190 kilogr. 260 gr., soit 23 kilog. 777 par animal.)

M. HAUBNER, professeur d'économie rurale à l'Académie de Eldena (Mecklembourg-Schwerin), dans un ouvrage intitulé : *Soins sanitaires à donner aux animaux domestiques* (Gesundheitspflege der Landwirthschaftlichen Hausthiere, Greifswalde 1845), recommande qu'on distribue journellement, en moyenne, à chaque cheval ou bœuf, 2 à 4 onces de sel; à chaque mouton, trois quarts de drachme à 1 drachme et demi, et à un porc, 2 drachmes. Ce qui donne, en moyenne annuelle :

Par cheval ou bœuf........ 17 kil. 250 grammes.
Par mouton........... 4   500   —
Par porc............

En Belgique, l'efficacité du sel dans l'alimentation du bétail est si généralement reconnue, que le gouvernement lui-même, cédant à l'opinion publique, a cru devoir, l'an passé, rendre une ordonnance en modération du droit sur le sel destiné aux animaux, et a fixé ainsi qu'il suit les quantités journalières nécessaires à chaque espèce :

Pour un cheval........ 32 gr. par jour, 11 k. 680 par an.
Pour un bœuf ou vache. . 64   —   23   360   —

Pour un mouton. 16   —   5   840   —
Pour un porc ou chèvre. . 20   —   7   300   —

Ces quantités déterminées par les vétérinaires, c'est-à-dire par les hommes les plus compétents, sont, comme on l'a vu par ce qui précède, dépassées de beaucoup dans la pratique des meilleurs cultivateurs anglais ; elles le sont aussi en Suisse, comme l'attestent ces extraits des rapports d'agents du gouvernement dans deux départements situés sur la frontière :

Je ne doute pas, dit le premier, que la consommation, aussitôt après l'abaissement du droit à 10 fr., ne soit portée, pour l'espèce bovine, de 100 à 125 grammes par jour; pour l'espèce chevaline, de 50 à 60, et pour les espèces ovine et porcine, de 30 à 35. Ces quantités sont beaucoup plus fortes que celles que le gouvernement belge a réglées dans ses exploitations agricoles ; mais je ferai observer que, *dans nos hautes montagnes et en Suisse, la consommation actuelle dépasse les fixations belges.* Des éleveurs que j'ai consultés voudraient pouvoir en donner jusqu'au 250 grammes par jour aux bœufs qu'ils poussent au gras.

Le second fait remarquer la notable différence qui existe entre les rations quotidiennes de sel que l'on donne aux bestiaux dans son arrondissement et celles que l'on donne dans les cantons suisses avoisinants, malgré la même nature des récoltes des deux pays et la similitude des cultures. Voici comment il établit cette différence :

Rations distribuées.	Dans son arrondissement.	En Suisse.
A un bœuf ou une vache.....	50 grammes.	200 grammes.
A un cheval.................	27 —	100 —
A un porc...................	33 —	150 —
A un mouton.................	22 —	50 —

La première de ces citations prouve que, dans quelques points de la France déjà, les rations belges sont administrées. Un autre agent confirme cette assertion.

Dans les maisons, dit-il, où l'on tire un grand revenu des vaches, on leur distribue environ 60 grammes de sel journellement, au moment où on va les traire. A coup sûr, ajoute-t-il, réduire des deux tiers, soit à dix francs, la taxe de consommation du sel, ce serait généraliser l'usage de cette denrée, car les bestiaux qui en mangent raisonnablement s'en trouvent bien sous tous les rapports; elle a la propriété d'améliorer leur chair ; grâce à elle, les vaches donnent un lait plus substantiel, et les moutons *une laine plus longue et plus soyeuse.*

Cette réflexion sur l'amélioration de la laine des moutons qui consomment du sel est reproduite par un assez grand nombre d'agents du gouvernement, et aussi d'écrivains anglais et allemands.

M. DE FELLEMBERG, directeur du célèbre établissement agricole d'Hofwil, canton de Berne, m'a fait l'honneur de m'écrire :

Le sel est un stimulant reconnu si nécessaire au bétail, que lors même qu'il coûtait 20 centimes le demi-kilog., l'usage en était général en Suisse et s'élevait de 25 à 30 kilog. par tête de bétail, dans nos métairies. Aussi, son prix étant descendu à 11 centimes 1/2, la consommation a augmenté de telle sorte que le gouvernement a trouvé du bénéfice dans cette réduction... Le sel est un digestif puissant. Il est employé avec succès en Suisse pour rendre mangeables les foins avariés. Les engrais provenant de bestiaux qui digèrent bien sont plus fertilisants que ceux des bestiaux qui digèrent mal, parce qu'ils contiennent plus de parties animalisées.

En Espagne encore, le sel est distribué au bétail en quantités supérieures aux rations belges, ainsi que le prouvent les extraits suivants des rapports de deux fonctionnaires du gouvernement placés sur la frontière ; le premier dit :

Les troupeaux espagnols qui se rencontrent avec les nôtres sont supérieurs en qualité, et je crois que l'on ne peut expliquer cet avantage que par une distribution plus considérable de sel; il est donc désirable que nos pâtres puissent trouver, dans un abaissement de droits, le moyen d'effacer une infériorité fâcheuse.

Le second :

Dans la province espagnole qui touche à la commune des Aldudes, les cultivateurs emploient généralement le sel pour la nourriture de leurs bestiaux.
La ration annuelle y est environ de :
30 kilogrammes par bœuf ou vache.
15 — par cheval ou jument.
8 — par brebis, mouton ou porc.

Si nous poursuivons l'analyse de l'enquête, cette expression de l'opinion du pays tout entier transmise au gouvernement par ses agents, nous voyons que,
Sur 85 directeurs des contributions indirectes consultés, 82 se prononcent pour l'emploi que l'agriculture ne manquerait pas de faire du sel, si l'impôt était réduit. La plupart d'entre eux adoptent les rations belges.
Sur 39 départements compris dans les rapports des agents des douanes, 2 seulement sont présentés comme ne devant pas entrer dans cette voie, et les autres comme devant arriver, dans leur ensemble, à un chiffre de consommation impliquant des rations bien supérieures à celles fixées par l'ordonnance belge.
Ces prévisions de consommation sont fondées, pour certains départements, sur celle qui s'y faisait avant l'établissement de l'impôt, et pour tous, sur les considérations suivantes, que l'on trouve à chaque page de l'enquête, et que nous en extrayons textuellement, comme le meilleur résumé et la confirmation *officielle* de tout ce que nous avons avancé dans notre lutte contre l'exagération de l'impôt :

Le sel est bon et il est employé pour le chaulage des blés ; mélangé avec les semences, il les préserve des insectes, pucerons, charançons et de la carie ; il remplace avantageusement la chaux ou le nitre ; il améliore sensiblement les fourrages récoltés par des temps mauvais ou dans des prairies humides et marécageuses ; il empêche les fourrages de s'échauffer et de pourrir ; par un large et général emploi du sel, la morve, le farcin des chevaux, le charbon des bêtes à cornes, la pourriture des moutons disparaîtraient, ou du moins deviendraient extrêmement rares ; les troupeaux étrangers qui se montrent avec les nôtres dans les pâturages limitrophes sont toujours supérieurs en qualité, et on ne peut expliquer cet avantage que par une distribution plus considérable de sel ; la supériorité des laines d'Espagne sur les nôtres tient en partie à cette différence. Le bénéfice qu'on peut attendre de la réduction est incontestable pour le développement et l'amélioration du bétail ; elle aurait, avec le temps, pour conséquence une augmentation notable dans le nombre des bestiaux nourris en France, et, par suite, des engrais plus abondants, dont le résultat serait d'obtenir de la terre toutes les richesses qu'elle peut produire ; cette augmentation nous mettrait, dans l'avenir, à même de nous délivrer de l'énorme tribut que nous payons à l'étranger pour le bétail que nous sommes forcés de lui demander ; on pourrait espérer, dans un certain nombre d'années, une baisse dans les prix des céréales et de la viande ; dès lors toute la population s'en trouverait bien.

En effet, il est aujourd'hui malheureusement reconnu que la production des denrées alimentaires, en France, n'est pas en rapport avec l'augmentation progressive de la consommation résultant de l'accroissement de la population ; le produit d'une année commune ne suffit plus à la nourriture du pays ; le rapport entre le nombre des têtes de bétail et celui des habitants suit chez nous une progression décroissante, contrairement à ce qui se passe chez nos voisins. Cette infériorité nous rend tributaires de l'étranger, cause les maux auxquels nous avons été en butte en 1847, et nous en prépare de plus grands dans l'avenir. Le dégrèvement de l'impôt du sel peut être, à ce déplorable état de choses, un des remèdes les plus efficaces, si les cultivateurs savent mettre à profit cette substance précieuse pour leurs terres et pour leurs troupeaux. Alors, on peut le prédire, se vérifiera à leur avantage et à celui du pays tout entier, cette belle parole de Mirabeau : — LE SEL EST LA BÉNÉDICTION DE L'AGRICULTURE.

TROISIÈME PARTIE.

EMPLOI DU SEL COMME AMENDEMENT DES TERRES.

Dans la citation des autorités en faveur de l'efficacité du sel comme amendement, commençons par la plus respectable. Nous lisons dans l'*Ecriture sainte* ces paroles de Jésus à ses disciples :

Le sel est bon ; mais si le sel a perdu sa saveur, avec quoi peut-il être assaisonné? IL NE PEUR PLUS SERVIR POUR LA TERRE, NI POUR LE FUMIER. » (*Saint Luc*, chap. xix, v. 34.)

Pline rapporte que les cultivateurs de l'Assyrie répandaient du sel autour des tiges de leurs palmiers pour les fortifier et en augmenter les produits.

Dans la Chine et dans l'Inde (dit M. FAWTIER), depuis un temps immémorial, on emploie le sel pour féconder les jardins et les champs ; en Pologne, dans les parties voisines des mines de sel, les résidus de la préparation de cette substance sont recueillis avec soin pour amender les terres.

BERNARD PALISSY, qui le premier enseigna l'histoire naturelle en France, donnait, il y a trois cents ans, une théorie des engrais dans laquelle les sels sont présentés comme les agents les plus actifs de la végétation, « théorie, dit Hoëfer dans son *Histoire de la chimie*, que l'expérience de nos jours a parfaitement confirmée ; il est évident que ce sont les sels qui jouent le principal rôle dans l'action des engrais.»

CONDILLAC écrit que « le sel est nécessaire aux hommes, aux bestiaux et même aux terres, *pour lesquelles il est un excellent engrais.* »

MIRABEAU, dans sa *Théorie de l'impôt*, déplorant que le pâturage soit défendu dans les trois lieues des bords de la mer, ajoute :

Dans cette économie forcée, nous sommes de bien pire condition que nos voisins, qui répandent du sel sur leurs terres pour les amender.

En 1792, la Société d'agriculture de Paris, dit Sylvestre, l'un de ses membres (*Annales de l'agriculture de France*), a vu réussir le sel sur les terres des environs de la capitale. Celle de Marseille s'est également assurée de ses bons effets dans le territoire de cette ville, en l'an XIII et XIV.

Voici les termes de son rapport :

Le produit du blé sur le terrain où on a répandu le muriate de soude surpasse de beaucoup, proportionnellement, celui qui est venu sur l'engrais ordinaire, quoique nous ayons fait répandre un excès de fumier sur cette dernière partie.

En 1804, TESSIER, membre de l'Institut national, constate « qu'en Bretagne le sel est employé comme engrais; qu'il est bon contre la maladie des blés ; qu'il produit de superbes grains, sans produire de mauvaises herbes, et prévient la détérioration des semences. »

En 1823, BOSC, inspecteur général des pépinières de France et de celles du gouvernement, et aussi membre de l'Institut, dans un ouvrage publié par la section d'agriculture sous ce titre : *Nouveau Cours d'agriculture théorique et pratique*, écrivait :

Il est plusieurs cantons en Europe où on fait, de temps immémorial, usage du sel comme amendement, la ci-devant Bretagne, par exemple; et aujourd'hui des expériences nombreuses constatent son efficacité sous ce rapport.

CHAPTAL, dans sa *Chimie appliquée à l'agriculture*, dit « que les sels doivent être inséparables des engrais, qui agissent d'autant mieux qu'ils en contiennent davantage... Les sels sont nécessaires au végétal ; ils facilitent tellement l'action de ses organes, qu'on les emploie souvent sans mélange... Un peu de sel marin mêlé au fumier ou répandu sur le sol excite et anime les organes de la plante, et facilite la végétation. »

M. BOUSSINGAULT, dans son *Economie rurale*, écrit :

On ne saurait douter que les sels à base de potasse ou de soude ne soient favorables à la végétation. L'efficacité des cendres végétales, l'écobuage, prouvent l'utilité incontestable de ces bases, que l'on retrouve constamment dans la constitution des plantes. Il est même certaines cultures qui demandent, pour prospérer, un alcali spécial : la vigne, par exemple, dont le fruit renferme du tartrate acide de potasse ; l'oseille, dont la feuille contient du bi-oxalate de la même base, doivent nécessairement trouver de la potasse ; les plantes cultivées pour obtenir la soude artificielle exigent également que cet alcali se rencontre dans la terre.

M. KULMANN dit *(Expériences concernant la fertilisation des terres)* :

Le sel marin, associé au chlorhydrate d'ammoniaque, a produit, en 1845, un excédant de récolte en foin généralement plus grand que les matières salines précédentes, *mais surtout il a présenté un excédant remarquable en regain ; son action a été plus prolongée. Ce sel, employé seul, a encore donné des résultats très-significatifs*, bien que la quantité répandue sur la terre n'ait été que de 200 kilogrammes par hectare.

M. HARDOUIN, dans son rapport au Congrès central d'agriculture en 1847, s'exprime ainsi :

L'agriculture de tous les départements riverains de la mer fait foi que la présence du sel marin dans les fumiers, composts, débris de plantes ou d'animaux, facilite la désagrégation, tout en prévenant les fermentations vives qui dégagent dans l'air des gaz dont la végétation aurait pu profiter.

Sur cette partie de son travail, votre Commission a été heureuse, Messieurs, de recueillir, de la bouche même du savant et modeste M. Lecoq, la confirmation absolue du résultat des expériences auxquelles il s'est livré sans interruption depuis plusieurs années. Dans sa conviction intime, partagée par un grand nombre de savants et d'agronomes dont les opinions n'ont été ni sérieusement réfutées, ni même toujours citées avec une entière exactitude, le sel est appelé à jouer, dans la végétation d'un grand nombre de plantes, un rôle analogue à celui qu'il remplit dans l'alimentation.

M. le comte de Pellan, propriétaire à Guérande (Loire-Inférieure), qui a exécuté avec succès de grands défrichements de landes dans ce canton, attestait, en 1845, à votre Commission de cette année-là, un fait qui est d'ailleurs à ma connaissance, à savoir :

L'excellent usage qu'il a fait du sel marin, employé sans mélange de substances végétales ou animales, dans les terrains de nature calcaire ou siliceuse, et naturellement privés d'une quantité suffisante d'humidité.

Le tableau qui est sous vos yeux vous fait connaître l'heureux succès d'expériences analogues auxquelles s'est livré , dans un arrondissement voisin de celui dont nous venons de parler (l'arrondissement de Redon), Ille-et-Vilaine, M. de Beru [1].

M. d'Herlincourt a pareillement consigné dans une note les résultats qu'il a obtenus de l'emploi du sel pour les céréales et les prairies, dans sa culture d'Artois [2].

M. Rampal et d'autres délégués du Midi vous attesteront la dégénérescence de la culture de l'olivier, depuis que le haut prix du sel est venu faire obstacle à ce qu'il en soit jeté une certaine quantité au pied de ces arbres. L'illustre Chaptal signalait le même fait dès 1818, comme le signalent aujourd'hui MM. les délégués de la Provence et du Languedoc.

Un rapprochement très-instructif est à établir d'ailleurs entre les progrès que fit, sous le régime de la franchise du sel, la reprise de la culture des oliviers dans le midi de la France, après leur destruction presque complète par l'hiver de 1789, et l'état de décadence de la même culture dans le département de l'Hérault notamment, depuis le fatal hiver de 1819, et sous l'empire de la législation actuelle du sel.

Si vous franchissez les Alpes, vous rencontrerez cet usage du sel pour la culture des oliviers, dans le Milanais, ainsi qu'en témoigneront, au besoin, MM. Basta, Salva, Bertorelli, comte de Crisfoforis, Raimondo, Orroux, marquis de Buyll, chevalier d'Andreis et autres notables agriculteurs.

De l'autre côté du Rhin, les remarquables avantages du sel, *même sans aucun mélange*, pour la culture de la vigne, sont prouvés par la pratique constante de deux agronomes éminents, MM. Fitz à Durkheim, et Langen (d'origine française), à Vindbauserhoff, dans la Hesse. M. de Montgaudry a visité les vastes domaines et recueilli les témoignages de tous les propriétaires étrangers dont nous venons de citer les noms.

Enfin, d'autres expériences des bons effets du sel sur la végétation de certains arbres fruitiers ou forestiers, nous ont encore été attestées par plusieurs membres de votre Commission.

M. LECOQ, professeur d'histoire naturelle à Clermont-Ferrand, donne l'explication scientifique de cette efficacité du sel, dans un intéressant Mémoire à la Société d'agriculture de cette ville :

Il me serait, dit-il, impossible, dans une simple note, de vous rappeler, même sommairement, toutes les expériences qui ont été faites sur l'action du sel, et les nombreuses discussions qui ont eu lieu à diverses reprises sur son efficacité; je me contenterai de vous soumettre quelques résultats dont je suis sûr, puisque je les ai obtenus moi-même, et qu'ils ont été sanctionnés à

---

[1] Voir ma brochure, *Opinions des savants, des agronomes et des agriculteurs*. Le Comité de Redon a vérifié les expériences et en atteste l'exactitude.

[2] 100 kilog. de sel produisent le même effet que 1,000 kilog. de tourteaux. Ce sel est semé sur les céréales en herbe, ou fondu dans l'eau; il est employé en arrosement sur les prairies.

L'effet produit est égal à celui des tourteaux.

Le bénéfice est de 211 fr. par hectare.

Le transport est bien plus facile. Il en est de même de l'emploi, car il faut écraser les tourteaux.

Les avantages de l'emploi du sel se manifestent surtout dans les terres calcaires.

la fois par l'expérience et par une réunion de savants et d'agriculteurs qui les avaient provoqués par un concours. J'examinerai donc l'action du sel sur les plantes d'abord, et ensuite sur les animaux.

1° *De l'action du sel sur la végétation.*—Un végétal quelconque ne peut se développer ni grandir, s'il ne reçoit de l'extérieur des aliments qui concourent à son accroissement; mais, quand on réfléchit qu'un arbre tel qu'un chêne provient d'un gland dont le poids est insignifiant auprès de celui de l'arbre lorsqu'il a atteint deux siècles, on se demande où cet arbre a puisé sa nourriture, et quelle a été la source de son alimentation. Le gland s'est transformé en une masse de 15 ou 20,000 kilogr. Il doit alors avoir affamé le sol autour de lui; aucun végétal ne pourra croître à une grande distance ; la terre qui l'a nourri doit être épuisée. Rien de cela n'est exact. La terre n'a presque rien perdu pendant la végétation de cet arbre ; les feuilles qui sont tombées chaque année ont rendu au sol plus qu'il n'a donné, beaucoup plus que les racines de ce chêne ne lui ont emporté de nourriture ; et, bien plus, si le sol était aride auparavant, il s'est couvert de plantes herbacées qui ont vécu aux dépens de l'humus formé tous les ans par la chute des feuilles. Voilà donc un gland mis en terre, qui, en deux siècles, change la nature et l'aspect du sol autour de lui, et amène la fertilité sur un point autrefois stérile et même improductif. N'est-ce pas, messieurs, ce que vous voyez tous les jours quand vous parvenez à boiser de mauvais terrains ? N'avez-vous pas vu des arbres, faibles d'abord, qui prennent peu à peu de la force et de l'accroissement, quoique le sol ne puisse rien leur fournir? N'obtenez-vous pas ensuite, sur le défrichement de cette forêt, de magnifiques récoltes que vous n'avez pas fumées ? et ce grain que vous semez, et qui vous donne de si beaux résultats, ne serait-il pas resté improductif si vous l'aviez répandu sur la terre avant la création de la forêt ? Et pourtant, pendant deux siècles, ou au moins pendant cent cinquante ans, vous avez exploité votre bois, vous avez enlevé chaque année une partie du produit, et des milliers de plantes sauvages ont vécu à ses dépens, sans compter tous les animaux qui l'ont habité et ont tous reçu de lui leur alimentation.

Si vous voulez voir les mêmes faits se produire dans une période plus courte, voyez comment se comporte un sol changé en prairie, couvert de trèfle ou ensemencé de sainfoin, de luzerne. Vous lui enlevez tous les ans ses dépouilles, et il se bonifie : après six, huit, dix années, vous déchirez la prairie. Loin d'y avoir mis, vous avez enlevé, et le sol se trouve plus riche qu'auparavant. D'où est venu l'humus qui s'est accumulé sous les arbres de la forêt, le terreau qui s'est caché sous l'herbe de la prairie ? Si le terrain ne le contenait pas, ce sont donc les végétaux qui l'ont formé; et où ces derniers l'ont-ils pris ?

Il est évident que cet humus vient de l'atmosphère, qu'il est tombé du ciel. Nous verrons bientôt que le sel a été le premier de tous les engrais, et qu'il est encore le plus puissant.

Comment de l'humus, de la matière organique, de la terre végétale enfin, peut-elle descendre de l'atmosphère ? Rien de plus facile à comprendre. Il faut d'abord se rappeler la composition générale des végétaux. Tous ont pour base le charbon, depuis ces plantes antédiluviennes qui ont formé les houillères et les lignites, jusqu'aux branches dont nous retirons aujourd'hui le charbon de bois qui sert à nos usages économiques; et l'humus, le terreau, qui n'est, du reste, que le résultat de la décomposition des végétaux, offre aussi la

4

même composition. Que faut-il donc, en dernière analyse, pour former un arbre ou une herbe, quelles que soient sa nature et son espèce ? Il faut de l'eau et du charbon. L'eau peut exister dans la terre, mais le charbon ne s'y rencontre que si des végétaux antérieurs l'y ont déposé, ou si nous l'ajoutons par des moyens artificiels, tels que les engrais organiques.

C'est dans l'air, dans l'atmosphère au milieu de laquelle les plantes se développent, qu'il faut chercher le charbon qu'elles absorbent, l'accroissement de la plante, et, par suite, l'addition de terreau qu'elle communique au sol sur lequel elle a vécu ; et si la plante vit et se nourrit par ses racines, elle absorbe bien davantage, et d'une manière bien plus utile, par ses feuilles, au moins plus utile pour nous. L'atmosphère que nous respirons contient toujours du charbon, mais du charbon en dissolution, insensible à nos yeux et fondu dans l'air, comme un morceau de sucre se dissout dans l'eau et devient tout à fait invisible.

Les plantes sont des machines aspirantes destinées à puiser dans l'atmosphère le charbon qui s'y trouve répandu partout. Elles sont créées pour le condenser et le transformer. Or, toute machine a besoin d'un moteur pour agir, et elle fonctionne d'autant plus vite que ce moteur est plus puissant. Celui qui fait fonctionner les plantes, qui leur donne de la vigueur, qui les stimule dans l'absorption de l'acide carbonique, ce sont les sels, et particulièrement le sel marin. Des expériences positives ont prouvé que le sel augmentait beaucoup la vitalité de la plupart des végétaux, qu'il stimulait leur faculté absorbante pour l'acide carbonique, et produisait cet immense résultat, de faire vivre les plantes bien plus aux dépens de l'atmosphère qu'aux dépens du sol. Il donne plus de consistance aux parties vertes, les rend plus fermes, plus épaisses, et leur communique une grande force d'aspiration. Aussi les plantes qui ont reçu des engrais salins se dessèchent plus difficilement ; elles retiennent avec force leur eau de végétation. Ces engrais jouissent donc d'une propriété extrêmement précieuse, celle d'agir sur les plantes de manière à leur faire absorber, pour ainsi dire, toute leur nourriture dans l'air ; et le carbone que les végétaux y puisent est le seul qui soit une conquête pour l'agriculture, puisque tout celui qui se trouve dans le sol coûte au cultivateur, qui a été obligé de l'y amener, ou sous forme de fumier, ou en enfouissant des végétaux verts, etc.

Ce serait donc une des plus belles découvertes de l'agriculture, de rendre en quelque sorte les plantes indépendantes de la nature du sol, qui varie à chaque pas, et de les nourrir au moyen de l'atmosphère, dont la composition est la même pour toute la terre. Il sera sans doute impossible d'atteindre ce résultat ; cependant on peut espérer de faire puiser dans l'air bien plus de charbon que les végétaux n'en absorbent naturellement, et ce n'est qu'au moyen des engrais salins que l'on pourra parvenir à ce but.

Quelque extraordinaires que paraissent ces conclusions sur l'emploi du sel appliqué comme stimulant sur les plantes, elles n'en sont pas moins positives ; des expériences les ont démontrées ; la théorie et la pratique se réunissent pour les confirmer, comme on peut le voir dans le Mémoire sur les engrais salins, que j'ai publié en 1852.

Je n'ignore pas que d'autres substances que l'acide carbonique peuvent être puisées dans l'atmosphère ; les beaux travaux de M. Boussingault et de M. Payen l'ont démontré. Nous savons aussi quelle action puissante possèdent les sels azotés, appliqués aux semences des céréales ; notre savant collègue, M. de Douhet, nous a donné sur ces importants essais des détails pleins d'intérêt ; mais j'ai dû me borner à la simple action des sels comme engrais, ou plutôt comme stimulant et favorisant l'absorption de l'acide carbonique.

Or, de tous les sels connus ou essayés dans la grande culture, il n'en est qu'un seul dont le bas prix puisse permettre l'usage : c'est le sel marin, que la nature a si libéralement répandu dans le vaste bassin des mers, dans les sources salées, et au milieu même des couches du globe. C'est sans contredit une des matières les plus communes qui existent ; mais l'impôt vient paralyser toutes les tentatives agricoles, par la certitude acquise que le haut prix de la matière viendra toujours arrêter les efforts de l'agriculteur.

Ce que les expériences indiquent dans l'action des engrais salins, et notamment du sel marin, la nature nous le montre tous les jours, et nous voyons les plantes qui croissent sur les rivages de la mer offrir des feuilles épaisses, fortement colorées à l'intérieur, présentant le vert le plus intense, celui qui décompose l'acide carbonique avec le plus d'énergie. Elles croissent dans les dunes, sur les sables les plus arides ; et, malgré leurs racines nombreuses, mais qui servent seulement à les fixer sur des sables mouvants, malgré les sécheresses quelquefois prolongées qui se font sentir sur les bords de l'Océan, et surtout sur ceux de la Méditerranée, ces plantes restent vertes et ne se dessèchent jamais. Observez la même plante sur les côtes et dans l'intérieur des terres, vous y trouverez de grandes différences. Ici elle se dessèche parfaitement et périt au bout de quelques jours, si des pluies ou des arrosements ne lui fournissent par les racines l'eau que ses feuilles n'ont pas la force de puiser dans l'atmosphère.

On retrouve autour des sources minérales ce que l'on observe sur les rivages de la mer : des plantes qui croissent également dans ces localités et dans des lieux arrosés par des eaux ordinaires changent tout à fait d'aspect. Quel que soit le sol dans lequel elles aient implanté leurs racines, elles végètent avec vigueur ; leurs feuilles sont fermes, épaisses, d'un vert foncé, et difficiles à sécher. Ce fait est frappant ; on l'observe partout où il y a des eaux minérales *salines*.

C'est encore aux matières salines qu'il faut attribuer la fécondité des sols volcaniques. On voit souvent, en effet, des courants de lave récents qui se couvrent de végétaux, et que l'homme soumet à la culture, au risque de voir ses espérances anéanties par de nouvelles éruptions. On ne peut attribuer la tendance qu'ont les plantes à s'emparer de ces roches arides qu'au commencement de décomposition de la roche elle-même. Celle-ci, étant toujours suspathique, produit nécessairement un peu de potasse ou de soude qui, mise à nu en quantité très-petite, mais d'une manière continue, active la végétation, qui, à défaut du sol, doit puiser sa nourriture dans l'atmosphère.

Ainsi, tout concourt à faire considérer le sel comme un des moyens les plus puissants à appliquer à la culture pour favoriser le développement de la plupart des plantes.

Voici comment M. Puvis apprécie les expériences de M. Lecoq :

La grande question est ici le sel marin, les autres sels ne sont qu'accessoires. Le sel marin est une substance qui pourrait être fournie par le commerce au moindre prix, si l'impôt qui pèse sur cet objet de première nécessité était aboli.

Sur les bords de la mer et dans les mines de sel gemme, le quintal ne coû-
terait pas 50 cent. Les mines qui peuvent le fournir, avec leurs filons qui paraissent d'une épaisseur indéfinie, semblent presque inépuisables ; si donc le
sel peut être d'une grande utilité en agriculture, avec la facilité des communications qui s'organisent, il y aurait, en France, plus de la moitié de la surface
où le prix du sel serait à peine à 1 franc le quintal, et comme ses effets sur le
sol se produisent à petites doses, et que néanmoins ils paraissent très-grands,
les résultats seraient d'une bien haute importance.

Voyons les faits qui appuient sa grande influence sur la fécondité du sol.

L'usage du sel en agriculture est bien ancien : les Indous et les Chinois en fé-
condent, depuis la plus haute antiquité, leurs champs et leurs jardins ; les As-
syriens, nous dit Pline, le mettaient à quelque distance autour de la tige de leurs
palmiers ; toutefois on savait qu'en quantité notable il stérilisait le sol. Ainsi,
nous dit la Bible, Abimelech, s'étant rendu maître de Sichem, détruisit cette
ville de fond en comble, et sema du sel sur l'emplacement qu'elle occupait.

Dans les temps modernes, les Anglais ont beaucoup plus étudié cette question que nous. Le chancelier Bacon a constaté, par ses expériences, l'emploi
avantageux de l'eau salée en agriculture. Plus tard, Brownrigg, Watson, Cartwright, ont confirmé, par leurs expériences, l'efficacité du sel sur la végétation;
les Sociétés d'agriculture ont ouvert des concours, et Davy, Sinclair, Johnson
et Dacre en ont vérifié, approuvé et conseillé l'emploi.

Dans le comté de Cornwall, les composts du sel impur des sécheries avec le
sable de mer, la terre, le terreau ou des débris de poissons sont fréquemment
employés, et les fermiers du comté de Chester, nous dit Davy, leur attribuent
l'abondance de leurs récoltes. Dans l'île de Man, l'emploi du sel sur le sol détruit la mousse des prairies.

La composition des composts, pour les prairies, est de vingt voitures de terre
et quatorze hectolitres de sel par hectare.

Dans plusieurs cantons des pays à cidre, on rend plus robustes et plus fertiles les pommiers, en enfouissant autour, et à quelque distance de la tige, une
petite dose de sel marin ; et les greffes et boutures qu'on expédie au loin, trem-
pées dans l'eau salée, reprennent plus facilement à leur arrivée.

Le jardinier Beck, de Churlin, en répand, avec succès, une petite quantité
sur ses oignons, après leur semaille ; un autre lave ses espaliers, arrose ses arbres et ses couches avec de l'eau salée, et, par ce moyen, fait périr tous les insectes destructeurs et féconde le sol.

Le gouvernement anglais, à la demande de l'agriculture, fait mêler avec de
la suie, et vend à plus bas prix les sels qu'on lui demande pour employer sur
le sol ; en Allemagne, où il y a moins de littoral et où le sel est plus rare et
plus cher, cette question a été moins étudiée qu'ailleurs ; cependant en Bavière, le roi a ordonné qu'on vendît à bas prix tout le sel employé en agriculture, soit pour les bestiaux, soit comme amendement.

En France, une foule de faits appuient l'efficacité, sur certains sols, du sel
comme amendement.

La grande fécondité produite par les engrais de mer est sans doute souvent
due aux sels qu'ils contiennent, et cela est encore plus évident pour les cendres
de Pornic, dans la composition desquelles on fait entrer les dessous des mon-
ceaux de sel, et qu'on arrose soigneusement pendant tout l'été avec de l'eau
salée.

L'usage du Morbihan, d'arroser le fumier avec l'eau de mer, ne s'est sans doute établi que sur la preuve, donnée par l'expérience, de l'efficacité du sel allié au fumier.

Enfin, le grand effet du varech, du goëmon, et de leurs cendres, qui contiennent peut-être moitié de leur poids de muriate de soude ou de soude, vient encore à l'appui.

Dans quelques cantons du littoral, on sème à la fois de la soude (*salsola soda*) et du froment, dans des terrains salés, envahis quelquefois par les eaux de la mer. Lorsque des pluies viennent diminuer la quantité de sel, le froment devient très-beau, et la soude reste faible ; lorsque les pluies sont peu abondantes, la soude grandit aux dépens du froment.

Une quantité modérée de sel est donc favorable au produit du froment, aussi bien qu'une plus grande proportion lui est nuisible.

Lorsque le sel n'est pas très-abondant, il favorise la végétation et donne des produits d'excellente qualité ; les prés salés sont en réputation pour la quantité, la qualité de leurs fourrages, et l'engrais de leurs moutons. J'ai habité quelque temps en Picardie, près de pâtures souvent envahies par les grandes marées : lorsque les pluies viennent laver la surface et entraîner la trop grande proportion de sel, leur produit fournit un pâturage abondant et d'excellente qualité.

La presque inépuisable fécondité des polders et des parties de Hollande et de France enlevées par des digues aux eaux de la mer, les récoltes prodigieuses de ces sols, qui quelquefois produisent depuis un siècle sans engrais, prouvent encore la grande et heureuse influence du sel sur la végétation.

A Châteauneuf, dans le Marconter (Côtes-du-Nord), que j'ai habité, on cite un fait très-remarquable. Dans une clôture récente, de 100 hectares à peu près d'étendue, on avait semé, en 1792, du colza. Une grande marée brisa les digues ; le terrain resta ouvert à la mer pendant quatre ans ; les digues réparées permirent de reprendre la culture. Après quelque temps de pluies assez fortes, on vit le terrain couvert de colza semé quatre ans auparavant; il s'annonçait beau, on le laissa croître, et l'on recueillit l'année d'après 1,700 sacs, ou plus de 2,600 hectolitres de graines. Je tiens ce fait, connu de tout le pays, du propriétaire qui possède ce fonds et a fait la récolte. Le sel marin a sans doute exercé de l'influence sur ce grand produit, et nous croyons pouvoir conclure de tout ce qui précède que, sur certains sols au moins, son effet est bien grand.

Expériences sur l'action des sels sur la végétation.—Rien ne démontre mieux cette action, ne précise mieux la quantité des doses nécessaires et la plupart des circonstances de leur emploi, que les expériences de M. Lecoq, de Clermont. Il a fait faire un grand pas à la question générale et particulière de l'emploi des diverses substances salines que la nature et l'industrie offrent à l'agriculture. Nous allons faire connaître les résultats de ces expériences, en nous bornant toutefois aux faits spéciaux et précis qui intéressent le plus la pratique agricole.

§ 1er. Il a d'abord voulu s'assurer de l'effet sur la végétation des substances salines en dissolution dans l'eau, sans l'intermédiaire du sol.

Pour cela, il a semé dans des terrines, sur du coton trempé d'eau distillée, des graines des principales familles végétales ; il a arrosé ses terrines, la première avec de l'eau distillée, et les autres avec des solutions de sel marin ou hydrochlorate de soude, d'hydrochlorate de chaux, de sulfate de fer, nitrate de potasse, eau de chaux, etc. Ces solutions contenaient un centième de sel. Il a laissé ces graines végéter pendant deux mois, au bout desquels il a recueilli les plantes, pour en évaluer les produits.

Il en est résulté que le produit en vert du froment a été presque double, dans la terrine arrosée de sel marin, de celui de la terrine arrosée d'eau distillée; celui de muriate de chaux, d'un tiers en sus; celui de l'eau de chaux a été moindre. Quant au trèfle, l'eau de chaux et le muriate de chaux ont fait produire deux cinquièmes en sus de l'eau distillée; le sel marin et l'eau minérale, composée de mélanges de sels différents, à peu près le double.

L'un des principaux effets des substances salines sur les plantes en végétation consiste à augmenter leur faculté absorbante sur l'atmosphère : de là résultait évidemment leur plus grand produit dans les eaux salées que dans l'eau distillée, sans l'intermédiaire du sol. Toutefois M. Lecoq a voulu s'en assurer directement; et, dans une expérience fort ingénieuse, il a trouvé que, sur un volume donné d'air atmosphérique mêlé d'un cinquième d'acide carbonique, la plante, dans l'eau distillée, en absorbait deux pouces et demi cubes en un jour d'exposition au soleil, pendant qu'une plante pareille, arrosée d'eau minérale, placée en semblable circonstance, en absorbait trois pouces et quart, ou un tiers en sus.

Il est encore résulté de ces expériences que, dans cette circonstance particulière, c'est-à-dire sans l'intermédiaire du sol, les substances salines, en faisant produire plus de feuilles, ont donné, en continuant la végétation, sur quelques-unes, moins de grains que l'eau distillée.

§ 2. Cette expérience, avec des données si différentes de celles de l'agriculture, n'était pas assez concluante et ne faisait qu'entamer la question: aussi M. Lecoq a transporté ses essais dans la culture en plein champ et avec des circonstances agricoles ordinaires.

Sur un champ d'orge en bonne terre franche, fumée l'année précédente, il a divisé un espace de 8 ares en huit lots égaux; sur les six premiers il a répandu, à la fin d'avril, des doses progressives de sel marin, et il n'a rien mis sur les numéros 7 et 8.

Tableau des opérations et de leurs résultats.

Numéros.	Doses de sel.	Produits en grains.
1	1 liv. 1/2	30 liv.
2	3	29 1/2
3	5	33
4	6	41
5	9	35
6	12	40
7	00	28
8	00	31

Le n° 1er, qui n'avait reçu qu'une livre et demie, a différé peu de ceux qui n'ont rien reçu; le n° 2 avait la paille plus longue, l'orge plus touffue; le n° 3 devenait encore meilleur; le n° 4, végétation très-vigoureuse, paille surpassant de 10 pouces les numéros non salés, et de 4 pouces ceux plus ou moins salés que lui; les épis étaient en outre plus gros, plus longs et plus fournis; n° 5, inférieur au n° 4, se rapprochant du n° 2, mais plus élevé que lui; n° 6, la plus forte dose, semble malade malgré son produit en grain assez fort; sa paille n'est pas plus grande que celle des numéros non salés.

Il résulte de ces expériences que la dose la plus productive, pour l'orge, serait de 6 liv. (3 kilog.) par are, ou de 6 quintaux (300 kilog.) par hectare; l'are qui a reçu 6 liv. a produit de plus que les nᵒˢ 7 et 8, qui n'avaient rien reçu, 11 liv. de grain, ou 15 quintaux par hectare, ou plus de trois fois et demie la semence, qui est, en moyenne, de trois quintaux par hectare.

Cette expérience, avec les mêmes données, a été faite en même temps sur un champ de froment, en sol un peu maigre, léger et élevé; les résultats se sont montrés presque les mêmes, malgré les différences de sol, de position et de plantes; cependant il y avait peu de différence entre les nᵒˢ 3 et 4, dont le premier avait reçu 4 liv. et demie, et le deuxième 6 liv. de sel par are.

La dose la plus rationnelle pour le froment serait donc au-dessous de 6 liv. par are, ou de 5 quintaux par hectare.

Sur un champ de luzerne divisé de même, avec les mêmes doses et la même étendue, on a eu les résultats suivants :

Numéros.	Doses de sel.	Luzerne sèche.
1	1 liv. 1|2.	87 liv.
2	3	131
3	5	102
4	6	75
5	9	62
6	12	48
7	00	85
8	00	85

On voit que l'effet, peu sensible sur le nᵒ 1, qui n'avait reçu qu'une livre et demie de sel, s'est élevé à son apogée sur le nᵒ 2, qui en a reçu 3 livres, pour aller en diminuant jusqu'au nᵒ 6, qui en a reçu 12 liv., dont la récolte s'est réduite à 48 liv., ou un peu plus du tiers du nᵒ 2.

Sur la deuxième coupe, l'effet a été à peu près le même; cependant les pluies ont lavé les numéros où le sel était en excès, qui ont alors un peu augmenté en produit.

La dose la plus convenable *pour les fourrages* légumineux serait donc de 3 liv. par are, 3 quintaux par hectare, ou moitié de celle qui convient aux terres ensemencées en graminées céréales.

La proportion la plus productive pour *les pommes de terre* serait, comme pour les grains, de 6 liv. par are (3 kilog.); c'est la dose, du moins, qui a donné le plus de vigueur au fanage.

Pour *le lin*, 5 liv. par are paraissent la dose la plus convenable; cependant le produit en graine n'est pas plus considérable que celui du lin non salé; une dose de 8 liv. a donné un produit sensiblement moindre que 5 liv.

Il en est de l'emploi du sel comme de l'emploi de la chaux; à moins de très-fortes doses, il produit peu d'effet sur les sols humides : 6 liv. de sel par are, répandues sur un pré froid et un pré sec, ont doublé le produit du dernier, et n'ont fait que changer la couleur du pré humide; sur une avoine en terrain frais, l'effet a été très-peu sensible, pendant que la vigueur s'est beaucoup accrue sur une avoine en sol sec.

Enfin, des lots pris sur un sol humide et tourbeux ont reçu, par are, 6, 12,

24 liv. de sel. Les deux premiers numéros avaient de l'avantage sur les parties non salées, et les derniers ont beaucoup plus produit que les autres.

Trois quintaux sur les fourrages légumineux ont produit le même effet par hectare que 5 milliers de plâtre; d'où il résulte que le sel marin pourrait remplacer, à cette dose, le plâtre dans les pays où ce dernier est rare et cher.

Mais ce qu'il y a eu surtout de remarquable, comme pour les engrais calcaires, c'est l'*amélioration de qualité dans le fourrage* des prés humides; les bestiaux l'ont consommé avec autant de plaisir qu'ils semblaient en avoir peu avant l'expérience.

L'effet général du sel sur les produits de toute espèce est, sans doute, d'augmenter leur saveur, de les rendre plus agréables et probablement plus nourrissants pour les bestiaux. Nous pensons qu'il en est de même des produits destinés aux hommes; il est à croire, en outre, que ceux qui conviennent mieux à l'instinct et à l'appétit des animaux donnent aussi à leur chair plus de qualité et de saveur, ce que semblerait d'ailleurs prouver le haut prix que les gourmets attachent au mouton de pré salé.

L'effet général du sel sur les récoltes a été d'augmenter tous les produits, mais en plus grande proportion les produits foliacés; aussi la dose pour les fourrages n'est-elle que moitié de celle des grains.

Les engrais salins *réussissent à peu près aussi bien en poudre qu'en dissolution.* Comme le premier moyen est beaucoup plus commode, il est par conséquent bien préférable, d'autant plus qu'en employant le sel en dissolution, pour que son effet ne soit pas nuisible et pour qu'il puisse couvrir toute l'étendue, il faut l'employer dissous dans beaucoup d'eau.

Je voudrais pouvoir citer toutes les expériences, toutes les observations contenues dans le savant ouvrage que M. BECQUEREL, membre de l'Académie des sciences, professeur au Muséum d'histoire naturelle, vient de publier sur les engrais inorganiques en général et sur le sel en particulier. Obligé de me restreindre, je donnerai seulement l'extrait suivant de ce traité que j'engage les cultivateurs à lire tout entier comme un excellent guide dans la pratique des amendements.

Tout en reconnaissant qu'une terre convenablement amendée, pourvue d'engrais suffisants, donne des récoltes abondantes sans l'intervention du sel, j'ai examiné si, dans certaines conditions, une addition de cette substance n'était pas capable d'augmenter la quantité et la qualité des produits. Les faits observés par divers expérimentateurs et par moi m'ont mis à même de répondre affirmativement à cette question... Il est reconnu que les plantes salées constituent d'excellents fourrages qui donnent une qualité supérieure à la chair du bétail qui s'en nourrit.

M. HOUZEAU-MUIRON, en 1844, écrivait à M. de Tracy :

Si vos terrains sont de nature calcaire, je vous engage à faire l'essai du sel marin, soit à l'état sec, soit en dissolution; je m'en suis très-bien trouvé, notamment dans les terrains des prairies artificielles.

Voici comment MM. PELOUZE ET FREMY, deux chimistes dont l'autorité n'est contestée par personne, s'expriment dans un ouvrage qu'ils viennent de publier, sous le titre de *Cours de chimie générale* :

Les effets que le sel marin exerce sur les végétaux ont été différemment appréciés par les agriculteurs. Les uns le considèrent comme nuisible ; les autres pensent, au contraire, que ce corps peut être employé avec beaucoup d'avantage dans certaines localités.

L'action du sel, comme engrais inorganique, a été examinée récemment par M. Becquerel, et les résultats de ses expériences sont consignés dans un ouvrage spécial sur les engrais, auquel nous renvoyons.

Il paraît certain que le sel produit de bons effets lorsqu'on le répand sur des terrains argileux et marnés. Il agit, soit comme corps excitant, soit comme pouvant fournir aux végétaux, à défaut de potasse, la soude qui est nécessaire à leur développement.

La quantité de sel que l'on doit employer dépend de la nature du sol et de celle du sous-sol. Si le sol est perméable, il peut arriver que le sel ne produise aucun effet, et qu'il soit entièrement entraîné par les pluies.

Au reste, comme l'a parfaitement établi M. Chevreul, le sel n'est utile aux végétaux que dans certaines proportions, au delà desquelles il leur nuit évidemment. Pour évaluer ces proportions, il faut avoir égard aux quantités de sel déjà contenues dans les engrais, le sol et l'eau souterraine qui peut arriver aux racines.

M. BELLA, directeur de l'institut agricole de Grignon, dans son rapport sur la question du sel au Conseil général de l'agriculture, du commerce et des manufactures, démontre très-péremptoirement l'utilité du sel pour l'amendement des terres.

Parmi les agents chargés, en 1845, de l'enquête sur la question de l'impôt, 27 directeurs des contributions directes, 21 directeurs des douanes ont rendu témoignage de cette opinion généralement répandue. La plupart ont attesté le large emploi que l'on faisait du sel comme amendement, avant sa cherté, et exprimé la conviction que l'abaissement du prix, par la réduction de l'impôt, ramènerait certainement cette pratique non oubliée, et vivement regrettée des cultivateurs.

Voici quelques extraits textuels de ce grand et curieux travail :

Les relais de mer mis en culture, les dunes nivelées, sur lesquelles on a apporté les vases de mer, donnent de magnifiques récoltes. Des essais nombreux ont démontré que, répandu sur le sol, le sel, seul ou mélangé avec le fumier, produit de très-grands effets sur la végétation de toutes les plantes, particulièrement des légumineuses et des fourragères ; qu'il rend celles-ci plus appétissantes et plus fortifiantes... Des expériences ont constaté que le sel commun, semé sur les labours, hâte la germination, augmente les gerbes d'un cinquième, et d'un quart le poids du grain... Le sel est bon même à la vigne... Avant sa cherté, on en faisait un très-large emploi comme engrais ; malgré l'élévation de son prix, cet usage est encore pratiqué par des agriculteurs aisés. Par l'abaissement du droit, il se répandrait dans toute la France, comme dans les départements où les cultivateurs peuvent se procurer du sel de provenance des tonneaux de morue, que le commerce se procure à 18 ou 20 c. le kilog... Cet amendement des terres est comparativement plus efficace et serait moins coûteux que les autres fumures, etc., etc....

M. Léon d'Herlincourt, ancien député, secrétaire de la Société d'agriculture du Pas-de-Calais, dit dans un rapport sur ce sujet :

Le sel s'emploie déjà fréquemment dans le lavage et le chaulage du blé pour en hâter la germination ; mais pour la fertilisation des terres, son influence devrait être enseignée et son emploi recommandé.

J'ai étendu 50 kilogrammes de sel sur la moitié de 85 ares 84 centiares dans un blé encore en herbe, et partagé par parcelles de 21 ares 46 centiares, en alternant les parcelles pour mieux juger l'effet produit.

En moins de dix jours, les sections salées offrirent un contraste sensible à tous les yeux, contraste d'autant plus remarquable que les lignes régulières du blé semé au semoir ne paraissaient plus faire partie du même semis ; cette différence a continué de se montrer aussi évidente jusqu'à la récolte, tant par la hauteur de la tige du blé, que par le nombre et la grosseur des épis. *Le nombre des gerbes a été supérieur d'un cinquième, et d'un quart environ pour le poids.*

Je conclus du résultat, que si l'expérience eût été faite sur un hectare, il rendrait de 11 à 12 hectolitres de plus, valeur équivalant, avec la paille, à 220 francs environ pour un hectare.

. L'effet a été encore bien marqué sur le trèfle semé dans le blé du même champ ; il fut plus haut et plus précoce dans les parcelles où j'avais semé du sel.

Un agriculteur d'Ille-et-Vilaine, M. de Béru, m'écrivait en 1846 :

Dans 50 ares froment de printemps, j'ai semé un hectolitre de froment pesant 75 kil., et 75 kil. de sel.

J'y ai récolté 19 hectolitres 22 litres de grain magnifique ; sur le reste du champ, parfaitement fumé, j'ai eu aussi une très-belle récolte, mais produisant, à très-peu de litres près, la moitié moins.

En 1838, l'hiver m'ayant gâté un champ de froment de 5 hectares, à tel point que tous ceux qui le voyaient disaient que je n'aurais pas récolté ma semence, je pris le parti de faire un sacrifice : j'achetai pour 270 fr. de sel que je semai sur mon froment, en le hersant, au printemps. Je récoltai un froment de qualité superbe ; le produit fut, en grains, de 825 fr.

Environ deux litres de sel, semés sur un are d'avoine noire, lui ont procuré, au milieu d'un champ de 5 hectares environ, 40 centimètres de hauteur, et du grain à proportion en plus que dans les autres parties du champ.

Le champ de 5 hectares, qui a reçu pour 270 francs de sel, il y a sept ans, donne encore plus que les autres, et du grain tellement supérieur en qualité, que je le garde encore pour semence.

En Allemagne, je puis citer sur cette question :

Thaer, conseiller du roi de Prusse, membre des Académies de Berlin, Gottingen, Amsterdam, Londres, etc.

Petzholdt, auteur d'un ouvrage intitulé : *Chimie agricole.*

Hlubeck, professeur d'économie agricole et forestière, à Gratz.

Dans un Mémoire de M. Soyer-Willemet, bibliothécaire en chef de la ville de Nancy, et membre de plusieurs Sociétés savantes nationales et étrangères, Mémoire inséré dans le tome XX des *Comptes-*

rendus des séances de l'Académie des sciences, je trouve le passage suivant :

La Société d'horticulture de Berlin avait proposé un prix pour la recherche des divers amendements et engrais les plus propres à augmenter la production des arbres fruitiers. Parmi les concurrents qui se sont présentés, il s'en trouve un qui, appuyé sur les résultats de quinze années d'expérience, déclare avoir constaté que le sel gris a constamment surpassé en efficacité toutes les espèces de composts et d'engrais qu'il a pu employer et dont il donne l'énumération. La meilleure pratique que l'expérience lui ait enseignée consiste à répandre, vers le commencement d'octobre, du sel commun sur le sol qui entoure l'arbre, aussi loin que s'étendent les branches, et de manière que la terre en soit entièrement saupoudrée. S'il faut croire les rapporteurs de la Société d'horticulture de Berlin, les résultats de cette pratique seraient vraiment surprenants, et de beaucoup supérieurs à ce qu'on peut obtenir au moyen des engrais considérés jusqu'alors comme les plus fertilisants.

On attribue aussi au sel la propriété d'éloigner les insectes, mais je n'ai pas de faits par-devers moi.

On dit également que les arbres à fruit doivent tirer de grands avantages d'une fumure de sel [1] ; n'y eût-il que la moitié de vrai de tout ce qu'on prétend, qu'il faudrait se servir plus souvent du sel. Il n'y a que le haut prix qui empêche cet emploi.

SCHLIPF, doyen de l'École d'agriculture, d'Hohinheim, dit :

Dans le voisinage des salines, leurs déchets, tels que les résidus de chaudières et fourneaux, les schlots, les pétrifications des épines, sont très-estimés pour les prairies, en raison de leur puissante efficacité. L'emploi de ces substances se fait à raison d'environ trois à six quintaux par arpent (neuf cents kilogrammes à l'hectare). Si on répand plus abondamment ces substances, l'efficacité se montre à la hauteur de l'herbe.

M. KAUFFMANN, professeur très-distingué à l'Université de Bonn, dont l'opinion a d'autant plus de poids dans cette question, qu'elle est basée sur de nombreuses expériences, m'écrivait en 1846 :

Quant au sel pour amendement des terres, je suis heureux de vous assurer que j'ai obtenu, de deux cents expériences que j'ai faites, des résultats qui surpassent tous les faits connus jusques alors. La particularité de ma méthode consiste en ce que je ne me sers jamais du sel isolé, mais toujours préparé avec un autre corps fortement pulvérisé et bien mélangé avec le sel. C'est un préjugé déplorable de croire que le sel comme amendement des terres soit trop coûteux.

Méthode du professeur Kaufmann, relative à l'application du sel à l'agriculture.

Cette méthode s'appuie sur les résultats de plusieurs centaines d'essais, et sur des expériences en grand. Elle consiste dans l'observation des principes ci-après, savoir :

---

[1] L'emploi du sel, comme moyen de raviver des arbres souffrants et chétifs, est bien connu ; on s'en est particulièrement bien trouvé lorsque les feuilles sont jaunes, lorsque les arbres semblent affectés de chlorose.   (*Note de M. Bella.*)

Pour tirer bon parti du sel comme engrais des terres, ce qu'il y a de mieux à faire, c'est de le faire moudre et le mêler au sol quelque temps avant le labour, soit par le hersage, soit par un autre procédé.

Le sel s'emploie de la manière la plus efficace et la plus utile, mélangé à d'autres matières.

Dans toutes les circonstances, le sel réduit en *poudre fine* et mêlé soigneusement à d'autres substances, devrait être employé.

On obtient un plus grand et plus précieux avantage pour l'économie rurale, si le sel, mêlé au plâtre, est répandu sur les plantes fourragères, en ayant égard à la température où le plâtre opère. Des essais et expériences sur une plus grande échelle mettent hors de doute ce fait important ; ainsi :

Par le mélange du sel et du plâtre dans la proportion de 40 à 100 livres de sel, à 250 à 300 livres de plâtre, répandu sur un arpent de Magdebourg, on est parvenu à obtenir des produits tellement avantageux qu'ils sont supérieurs à ceux qu'aurait assurés un fort et complet engraissement du champ.

Ce mélange produit également cet effet sur le sol où celui du plâtre seul est nul ou à peu près.

Ce mélange opère aussi sur les grains (*céréales*), qui, pour la plupart, ne sont pas susceptibles de ressentir une influence favorable du plâtre.

Enfin, il est à mentionner que ce mélange, pénétrant jusqu'aux racines, a sur elles des très-bons résultats.

Il est notoire que l'emploi du plâtre sur le terrain qui se ressent de son influence donne souvent (d'après Schwerz), en produit brut, un tiers de plus, et par conséquent, beaucoup plus encore en produit net. Le mélange du sel et du plâtre surpasse de beaucoup tous les avantages que procure le plâtre seul.

Nous possédons dans ce procédé un moyen d'engrais prompt et partout applicable. Les blés languissants en ressentent de suite un renfort considérable, et presque toujours le produit net en éprouve une augmentation.

Beaucoup d'essais et d'expériences ont démontré, en outre, qu'une faible addition de sel à d'autres moyens d'engraissement leur donne une plus prompte et plus grande efficacité.

Notre procédé a principalement pour objet l'amélioration des premières semences ; mais, comme cette amélioration des récoltes fourragères se continue sur les blés qui suivent et au milieu desquels elles ont prospéré, on obtient ainsi, par le sel, une amélioration pour plusieurs années.

M. Liébig, professeur à l'Université de Giessen, l'un des plus grands chimistes de l'Europe, m'écrivait à la même époque :

M. Kauffmann, professeur d'économie rurale à l'Université de Bonn, a fait l'expérience que le sel ordinaire mêlé avec le gypse a la plus favorable influence sur la fertilisation des terrains, principalement sur les pommes de terre et les légumes ; et nous regardons en Allemagne le bas prix du sel, pour la nourriture du bétail aussi bien que pour l'économie rurale, comme une nécessité imposée par la nature.

En Angleterre, Bacon, l'illustre fondateur de la méthode expérimentale, qui mourut en 1626, dans son ouvrage intitulé : *Sylva sylvarum*, écrit :

On s'est assuré par l'expérience que, mêlé avec le blé, ou en général avec les graines, et semé en même temps, le sel a de puissants effets.

En 1655, sir HUGH PLATT (*Jewel house of art and nature*);
En 1748, le docteur BROWNRIGG (*Essay on salt*);
En 1762, JOHN MILLS (*Practical Husbandry*);
En 1768, l'auteur du (*Farmer's Guide*);
En 1773, WATSON, évêque de Landaff (*Chemical Essays*);
Le docteur SHAW; le docteur DARWIN (*Phytologia*); le docteur PRIESTLEY (*Natural Philosophy*); JOHN PRINGLE (*Philosophical Transactions*); lord DUNDONALD; FRÉD. FINCHAM; le docteur HOLLAND (*Agricultural Survey of Cheshire*); HOLLINGSHEAD (*Hinte to farmers*); le docteur REES (*Cyclopedia*); PARK (*Pamphlet on salt*); JOHN SINCLAIR, dans les publications de la Société royale d'agriculture de Londres, dont il était président, et aussi dans ses dépositions devant le Comité de la Chambre des communes; GEORGES SINCLAIR (*Prize essay on salt manure*); le révérend CARTWRIGTH (*Communications to the Board of agriculture*); sir THOMAS BERNARD (*Case of salt Duties*); M. HENRI WATERTON, dans un récent ouvrage dédié à lord Spencer, sous ce titre : *Treatise on alcali as a manure;* M. CUTHBERT-WILLIAM JOHNSON, dans son livre intitulé : *An Essay on the uses of salt in agriculture;* le célèbre chimiste HUMPHRY DAVY (*Elements of agricultural Chemistry*), et cent autres appelés à déposer dans l'enquête faite par le Parlement anglais, expriment tous, et très-nettement, leur conviction de l'efficacité du sel pour la fertilisation des terres.

Voici quelques extraits d'un ouvrage de JOHN SINCLAIR, qui fait autorité en Angleterre sur cette matière.

L'utilité du sel comme amendement, ainsi que pour d'autres objets en agriculture, est un sujet d'une si grande importance et qui exige tant d'étendue, qu'on le traitera séparément.

Dans une série d'expériences entreprises par le docteur CARTWRICHT, il a trouvé qu'un mélange de sel et de suie, en quantité modérée, est préférable à toute autre espèce d'engrais; cette circonstance peut présenter de grands avantages aux cultivateurs voisins des grandes villes.

Il a été reconnu en Amérique, et confirmé par les expériences de M. LEE, d'*Enfield-Wash*, près de Londres, que le sel est un excellent amendement pour le lin. On doit en employer une quantité double de la semence, et le répandre en même temps qu'elle. Il est probable que toutes les semences oléagineuses pourraient être traitées de même.

On a aussi employé avantageusement le sel après la semaille. M. R. Legrand l'a essayé deux fois, en semant le sel, à raison de 16 bushels par acre (14 hectol. par hectare), sur la terre où il venait d'enterrer, à la herse, une semaille d'orge. Pendant le printemps, cette récolte présenta la plus belle couleur verte qu'il eût jamais vue; et, après la maturité, la paille et les épis étaient d'une blancheur extraordinaire. M. Hollinshead recommande aussi de semer 16 bushels de sel par acre (14 hectol. par hectare), sur une récolte de pommes de terre, aussitôt qu'elles sont plantées, et il assure que, par l'adoption de cette méthode, on peut obtenir alternativement et pendant un temps indéfini des récoltes de froment et de pommes de terre sur le même terrain.

On assure que le sel employé dans les composts a produit de meilleurs effets même que la chaux. Un cultivateur a mélangé des résidus de sel de pêcherie avec de la terre tirée de ses fossés, et une autre portion de la même terre mélangée avec de la chaux. La partie du terrain qui a été amendée avec le compost de sel a présenté une récolte infiniment plus vigoureuse que l'autre.

On s'est assuré que le sel a la propriété de dissoudre la bruyère, et de la convertir en engrais.

Il a été prouvé par l'expérience, en *Cheshire*, qu'après avoir desséché un terrain marécageux, acide, si on répand du sel sur sa surface au mois d'octobre, la récolte suivante sera fortement améliorée. Dans un cas où on avait répandu 8 bushels par acre (7 hectol. par hectare), il a paru, au mois de mai suivant, une belle végétation d'herbes d'excellente qualité. Mais, lorsqu'on a appliqué 15 bushels, la récolte a été encore bien plus considérable.

Il a été reconnu aussi, par les personnes les plus dignes de foi, que le sel, répandu à la main, détruit la mousse qui détériore si souvent les prairies et les pâturages.

M. Hollindshead recommande fortement de répandre 6 bushels de sel par acre (5 hectol. 28 litres par hectare) sur les prairies, après la récolte de foin, principalement dans les étés chauds et secs, et sur les sols sablonneux et calcaires. L'humidité que le sel attire et retient aide puissamment la végétation, et produit une récolte beaucoup supérieure à celle qu'on pourrait obtenir par le moyen du fumier.

On a trouvé qu'il était avantageux, pour amender les prairies, de mêler 16 bushels de sel avec vingt voitures de terre, de retourner les tas deux ou trois fois, et de répandre le tout sur l'étendue d'un acre, soit au printemps, soit en été.

M. CULHBERT WILLIAM JOHNSON, dans ses *Observations sur l'utilité du sel en agriculture*, donne sur ce sujet des indications précieuses et fondées sur l'expérience :

FROMENT. — Il faut que le sel soit semé quelque temps avant le grain, dans la proportion de 10 boisseaux au moins et de 20 au plus par acre [1].

En 1819, dans un sol léger et graveleux, à Great-Totham, dans le comté d'Essex, j'ai vu, par ma propre expérience, que 20 boisseaux de sel avaient produit une augmentation de 5 boisseaux 1/2 de froment par acre.

Le résultat suivant d'épreuves faites en 1820 montrera combien peut être importante pour le pays l'application en grand du sel comme engrais.

Produit par acre. — N° 1. Sol sans aucun engrais pendant 4 ans, 13 boisseaux.

2. Sol fumé avec du fumier d'étable à la précédente récolte (pommes de terre), 26 boisseaux.

3. Sol fumé avec 5 boisseaux de sel par acre, sans autre engrais pendant quatre ans, 26 boisseaux. (Le sol était léger et graveleux.)

Le témoignage d'un véritable agriculteur d'Essex doit corroborer le mien,

---

[1] Le boisseau est de 56 livres anglaises, soit 25 kil. 36.
La tonne (ou le tonneau) est de 40 boisseaux, soit 1014 kil. 720.
La livre anglaise est de 453 grammes.
L'acre représente 40 ares 46 centiares.

même aux yeux des hommes les moins confiants. Le sol, dit M. James Challis de Panfield, que je vous ai décrit comme d'une nature sans consistance, avait eu une fumure de sel, en novembre, après que le blé avait été semé, d'environ 14 ou 15 boisseaux par acre ; il produisit environ 6 boisseaux de froment de plus par acre que celui qui n'avait pas reçu cet engrais, et ce blé était bien supérieur en qualité.

Un autre fermier d'Essex, M. Baynes, de Heybridge, vit tous ses doutes dissipés par l'expérience suivante. Sol argilo-sablonneux ;

Produit en boisseaux, par acre : — Sol fumé avec 15 voitures de fumier d'étable, 17 boisseaux 1/2 ;

Sol fumé avec 14 boisseaux de sel, immédiatement après les semailles, 36 boisseaux 1/2.

Je choisis ces exemples parmi une foule d'autres, parce qu'ils résultent d'essais faits par des hommes opposés à l'emploi du sel comme engrais. Ces expériences n'avaient été amenées par aucuns raisonnements théoriques ; confirmées, comme elles le sont, par celles de MM. Sinclair et de beaucoup d'autres, elles forment une évidence incontestable.

On voit, dans des recherches faites par le bureau de l'Agriculture, qu'un fermier de Cornouailles, M. Sickler, et aussi le Rév. Hoblin, avaient l'habitude d'employer le sel de rebut comme engrais, et que leurs moissons n'étaient jamais infestées par la rouille ni par la nielle.

ORGE ET AVOINE. — Répandez de 10 à 16 boisseaux par acre immédiatement avant de jeter la semence. M. Legrand, fermier du Lancashire, dit : Dans un sol sablonneux, 16 boisseaux sont une quantité suffisante pour fumer convenablement un acre. Jusqu'à 16 boisseaux, l'effet favorable du sel s'augmente graduellement, et cet effet décroît de même jusqu'à 4 boisseaux, quantité audessous de laquelle il devient nul.

M. Ransom, fermier du Norfolk, dit aussi, en parlant de ses expériences sur un sol sablonneux : L'orge provenant d'un sol fumé par le sel *ne présentait aucune différence d'aspect avec les autres parties du champ,* jusqu'aux quinze derniers jours qui précédèrent la moisson : alors seulement la récolte de la partie salée prit une plus belle apparence ; elle mûrit une semaine environ avant le reste. Voici les résultats constatés avec soin :

Sol sans engrais, par acre, produit 30 boisseaux.

Sol fumé avec 16 boisseaux de sel, en mars, produit 51 boisseaux.

M. Sinclair n'a pas réussi dans ses expériences sur le sel employé comme engrais pour l'orge. Mais malheureusement il l'avait employé dans la quantité beaucoup trop abondante de 44 boisseaux par acre, déposés en même temps que la semence.

BETTERAVES. — Parmi les dernières communications que j'ai reçues, je choisis celle-ci. Dans une lettre du mois d'août 1826, sir Thomas Acland, de Killerton, dans le Devonshire, m'envoyait ce renseignement provenant de son homme d'affaires : « La première expérience que je fis du sel comme engrais fut sur 7 acres de terre destinés à des betteraves. Je commençai par faire dans le champ des tas de terre, 40 par acre, comme cela se fait pour fumer avec la chaux. Je mis dans chaque tas 33 livres de sel que je mêlai bien avec la terre, et les laissai huit jours avant de les étendre. Je labourai trois fois avant de semer, et j'obtins des racines pesant jusqu'à 32 livres. Dès lors j'ai préparé un champ de la même manière pour des navets : un tiers du champ avec de la chaux, un autre tiers avec du sel, le troisième tiers avec des cendres du foyer. Quand la moisson sortit de terre, elle paraissait promettre davantage sur la partie fumée avec des cendres; mais, après le premier mois, elle ne crût pas aussi vite que sur les parties où avait été mis du sel ou de la chaux; après ce temps, sur la partie salée les navets poussèrent plus promptement, le feuillage était plus vigoureux et plus épais, et ce fut là qu'à la fin de la saison la récolte fut la meilleure.

L'année suivante, je mis ce champ en orge, et là où le sel avait été semé, la moisson fut plus abondante. Je considère donc le sel comme un bon engrais pour un sol léger, mais moins propice à l'argile et aux fortes terres.

Prairies. — Semez 10 ou 15 boisseaux par acre, en automne.

Le sel a trouvé en M. Collins, de Kinton, dans le Devonshire, un zélé et habile avocat. Voici un extrait d'une lettre qu'il m'a écrite en octobre 1826:

« Un de mes voisins m'affirme qu'ayant employé le sel comme engrais sur ses prairies, il avait remarqué que les portions salées n'avaient pas été endommagées par de fortes gelées, tandis que dans des portions non salées chaque brin d'herbe était gelé. J'affirme aussi que le sel est un destructeur de toute espèce de vermine, et je suis convaincu que partout où il a été employé judicieusement, son effet a été infaillible.

« Un autre voisin intelligent, dit M. Collins, dont le terrain est un sable léger et noirâtre, m'écrit: — Le sel a répondu à tout ce que j'en attendais, relativement à l'orge, l'avoine, les pommes de terre et les navets, sous le double rapport de la quantité et de la qualité des récoltes. J'en puis fournir la preuve *de visu* à quiconque il vous conviendra de m'envoyer. Mes champs en orge et en avoine, qui me donnaient habituellement 15 à 20 boisseaux par acre, m'en rapportent actuellement 40 à 45. Mon froment est certainement supérieur en qualité, mais j'attendais plus de quantité. J'ai eu 55 boisseaux de froment d'un acre fumé avec 10 boisseaux de sel, et l'année suivante j'ai obtenu du même champ, avec la même quantité de sel, 140 sacs de pommes de terre par acre. Cette année, de nouveau, dans le même champ fumé avec 10 boisseaux de sel, je n'ai eu que 20 boisseaux de froment par acre, mais d'une qualité bien supérieure, et la pousse du trèfle qu'il contient est très-belle et luxuriante. Dans tous les champs que j'ai salés, je trouve l'herbe bien supérieure à celle qui croissait avant que j'y employasse du sel.

« Je me suis rendu depuis à sa ferme, ajoute M. Collins, et j'ai été étonné de la verdeur de ses pâturages qui n'étaient autrefois que de mauvaises prairies, pleines de joncs. Dans ses terres labourables, il ne récoltait jamais que 10 boisseaux de froment par acre jusqu'au moment où il employa le sel. Il est donc bien prouvé que l'emploi de cette substance est un progrès. »

Je ne veux plus donner qu'un témoignage en faveur de l'emploi du sel. C'est celui d'un vieil agriculteur de Suffolk, M. Broke de Capel. Dans le mois d'avril 1821, 6 boisseaux de sel furent semés sur un demi-acre de trèfle rouge; le champ était de 10 acres. Le trèfle parut d'abord très-jaune et souffrant, mais bientôt il commença à reprendre; et, quand il fut fauché, on trouva le produit augmenté d'au moins 10 quintaux par acre, et le regain en proportion. Le bétail le tondait plus près de terre et avec plus d'empressement que sur toutes les autres parties du champ.

A ce témoignage concluant je pourrais en ajouter beaucoup d'autres, notamment ceux de MM. (ici l'auteur cite plusieurs noms et adresses); mais chez le cultivateur libre de préjugés, un fait est suffisant pour déterminer un essai. Quant aux adversaires du sel pour engrais, ils soutiendront que tous les hommes que j'ai cités se sont trompés. « Il n'y a pas de bien à retirer du sel », dit le fermier qui a eu ses terres dévastées par l'eau de mer, et il trouve toujours quelqu'un prêt à se joindre à lui dans ce raisonnement dépourvu de sens.

POMMES DE TERRE. — Semez de 10 à 20 boisseaux de sel à la surface, aussitôt que les pommes de terre sont plantées, ou 10 boisseaux dans l'automne précédent, et 10 après avoir enfoui la semence. Mes expériences du sel, comme engrais pour les pommes de terre, ont eu lieu sur un sol léger et graveleux. Voici les résultats :

Produit en boisseaux, par acre. — 1. Sol sans aucun engrais....... 120 b.

2. Sol fumé avec 20 boisseaux de sel dans le mois de septembre précédent... 192

3. Sol fumé avec du fumier d'écurie, au temps de la plantation.... 219

4. Sol fumé avec du fumier d'écurie et 20 boisseaux de sel...... 234

5. Sol fumé avec 40 boisseaux de sel, seul, 20 en septembre, et 20 après les semailles................................ ...:..................... 192 1/10

6. Sol fumé avec 40 boisseaux de sel, comme dans la précédente expérience, et de plus avec du fumier d'écurie................... 244

Ces expériences sont entièrement confirmées par celles du Rév. Cartwright, de Tonbridge. De mon ouvrage intitulé : *Essai sur le sel*, page 82, je tire l'exemple suivant :

Produit en boisseaux, par acre. — 1. Sol sans engrais............ 157

2. Avec 9 boisseaux de sel................................... 198

3. Avec 8 boisseaux de sel et 30 boisseaux de suie............... 240

4. Avec 30 boisseaux de suie, sans sel........................ 182

De 10 engrais différents dont l'efficacité est reconnue, ajoute pour conclure M. Cartwright, le sel, à une seule exception près, est le plus précieux.

En Italie, l'abbé PEYLA attribue la même valeur au sel, dans un livre intitulé : *Essai sur la culture des prés*, ouvrage publié en 1801, et qui est regardé comme le manuel obligé des agriculteurs du Piémont.

Cette opinion est, du reste, admise par tous les gouvernements de l'Europe, qui ont successivement abaissé leur impôt pour le sel destiné à cet usage.

Dans le rapport de M. ELOY DE BURDINE, à la Chambre des députés belge, sur l'exemption de l'accise en faveur du sel employé à l'agriculture, on lit :

Il a été fourni à la Commission huit déclarations de cultivateurs connus et capables de juger des effets des engrais, prouvant que l'expérience tentée a donné le résultat le plus satisfaisant. Une terre cultivée en trèfle, sur laquelle on a répandu un engrais dont le sel est la base, a donné un quart de récolte de plus que sur la partie où l'on n'a pas fait usage de ce procédé.

Personne, que je sache, ne niera que c'est au moyen des engrais que l'on parvient à faire produire la terre, et que les fumiers des basses-cours sont insuffisants. Pour ce motif, nous croyons faire chose utile en appelant sur cet objet l'attention de M. le ministre des finances.

Le gouvernement anglais, en abolissant la taxe sur le sel en 1825, a inséré ce considérant dans la loi, qu'elle avait pour but de faciliter l'emploi du sel comme amendement : *For the purpose of being employed as manure for land.*

Je n'ai garde d'omettre l'autorité du gouvernement français lui-même, qui a reconnu officiellement les propriétés du sel comme engrais et amendement des terres. Une ordonnance du 19 juin 1816 concède aux propriétaires connus et bien famés la permission d'enlever les sablons, les cendres de salines, les débris de fourneaux et les curins nécessaires à l'amélioration de leurs terres.

Une autre ordonnance du 19 mars 1817, dans le but, comme on le lit dans son préambule, de ne pas compromettre les travaux agricoles des cultivateurs des départements voisins des côtes, qui ont l'habitude d'enlever le sablon par plusieurs centaines de voitures en un jour, et pour ne pas faire perdre aux terres la valeur qu'elles obtiennent par l'usage de ce sablon, qu'aucun engrais ne peut remplacer, permet le libre enlèvement des engrais de mer, sous la condition qu'ils seront immédiatement conduits et versés sur les terres qu'ils sont destinés à fertiliser, ou mêlés avec l'espèce de fumier qui doit les recevoir.

Enfin, une troisième ordonnance du 26 juin 1841 permet l'enlèvement et le transport des schlots et débris de fourneaux des fabriques, cendres, curins, etc., à destination des exploitations agricoles, conformément à l'art. 12 de la loi du 17 juin 1840, dont tout le bénéfice, jusques aujourd'hui, se réduit à cette mince et exceptionnelle tolérance, moyennant une autorisation préalable.

Je voulais prouver, à l'aide de témoignages considérables, l'efficacité du sel comme amendement. Je crois avoir atteint le but que je m'étais proposé, à l'exemple des hommes qui, dans le temps, préconisaient l'emploi du gypse et de la chaux, et n'éprouvèrent pas moins de difficultés à démontrer une vérité maintenant acceptée par tous les savants et pratiquée par tous les agriculteurs. L'ouvrage que vient de publier M. Becquerel peut être désormais considéré comme le guide des cultivateurs en cette matière; je ne puis qu'y renvoyer les incrédules qui ont besoin d'être convaincus, et les agriculteurs désireux des progrès de leur art.

Nous osons l'espérer, un jour viendra où le sel, exonéré de tout impôt, au moins pour les usages agricoles, prendra place, parmi les amendements, à côté de la chaux, du plâtre, etc., c'est-à-dire comme matière à employer avec discernement dans certaines terres, pour certaines cultures, et dans des proportions et des conditions que devra déterminer l'expérience dans chaque localité.

EMPLOI DU SEL POUR LE CHAULAGE DES SEMENCES, COMME PRÉSERVATIF CONTRE LA CARIE, LA ROUILLE DES BLÉS, ET CONTRE LES VERS ET LES INSECTES.

Indépendamment des diverses manières d'employer le sel dans leur industrie, les cultivateurs, dit M. Fawtier, l'un des élèves les plus distingués de l'Institut de Roville, peuvent encore s'en servir, à leur grand profit et à l'avantage de la société entière, pour préserver leurs récoltes de froment des ravages de la carie. Ce fait, constaté depuis longtemps par la pratique de quelques parties de l'Europe, et notamment de la Grande-Bretagne, a été confirmé de la manière la plus évidente par dix-neuf expériences comparatives, faites à Roville sur divers échantillons de froment carié, semés en 1831.

Il résulte de ces expériences que, parmi les diverses substances employées comme préservatif de la carie, le sel a donné le résultat le plus décidément avantageux.

L'addition du sel commun à la chaux, dit à cette occasion M. de Dombasle, accroît à un très-haut degré l'action destructive que cette dernière exerce sur les germes de la carie.

Depuis longtemps le sel est employé très-fréquemment à cet usage en Angleterre. Selon le rapport d'Arthur Young, cette pratique doit son origine à une observation fournie par le hasard. Dans une année où la carie infestait à un haut degré les récoltes de froment, on remarqua l'absence complète de la carie dans toutes celles qui provenaient de grain sauvé d'un navire submergé, et qui avait été plongé dans l'eau de la mer... Depuis cette époque, on fait généralement usage en Angleterre de solution de sel, soit en l'employant seul, soit en y mêlant de la chaux ou d'autres substances, et les cultivateurs anglais regardent ce moyen comme très-efficace pour la destruction de la carie.

En France, on ne croit guère à l'efficacité du sel employé dans ce but. Cette opinion, que j'ai partagée et que j'ai peut-être contribué à propager par quelques-unes de mes publications précédentes, était fondée sur des observations publiées précédemment par un agronome dont le nom fait autorité; mais l'expérience dont je viens de rendre compte ne peut guère laisser de doutes sur la puissante efficacité du sel dans ce cas. (*Annales de Roville*, VIIIe livraison, page 348.)

Dans l'expérience dont il s'agit ici, M. de Dombasle avait plongé pendant deux heures du blé-froment carié dans une solution formée de 50 litres d'eau, 5 kilogrammes de chaux, et 8 hectogrammes de sel commun.

Ces expériences de M. de Dombasle sont confirmées par la pratique des meilleurs agronomes anglais; dans l'ouvrage de JOHN SINCLAIR déjà cité, nous lisons :

Le sel est un remède efficace contre la carie. — Il est bien connu qu'on préserve les récoltes de froment de la carie, en plongeant le grain dans une saumure assez forte pour qu'un œuf y surnage, et en l'agitant fréquemment, de manière à pouvoir enlever les mauvais grains qui viennent nager à la surface, pourvu qu'on ait le soin de mêler au grain, lorsqu'il est tiré de la saumure et répandu sur le plancher, une quantité de chaux récemment éteinte, suffisante pour dessécher le tout.

Il paraît que le sel préserve le froment de la rouille. — M. Sicklet, fermier du comté de *Cornwall*, dans le cours d'expériences très-étendues sur les causes de la rouille du froment et sur les moyens de l'en préserver, a remarqué qu'il en était toujours exempt dans les terres qui avaient été amendées, pour la récolte de turneps précédente, avec des résidus de sel des pêcheries, quoique tous les froments du voisinage fussent rouillés.

Cette importante circonstance se trouve confirmée par les observations de M. Robert Hoblyn, qui cultive une ferme en *Cornwall*, dont les récoltes de froment se sont augmentées de 28 à 40 et 50 acres par année. Il emploie un tonneau de vieux sel avec un tonneau de débris de poissons, le tout mêlé avec de la terre, et vingt à trente tonneaux de sable de mer; il assure que ses récoltes sont toujours bonnes, et ne sont jamais attaquées de la rouille.

Il est probable que, dans ce compost, le sel est la seule substance qui puisse agir efficacement pour prévenir la rouille, en arrêtant la putréfaction qui est le résultat de l'emploi trop fréquent des engrais putrescents ; et si ce fait est démontré par des expériences décisives, on a droit d'attendre du gouvernement une réduction plus considérable encore de l'impôt sur le sel, afin d'assurer nos récoltes contre le plus redoutable des fléaux auxquels elles soient assujetties. (Dès lors le sel a été exonéré de tout impôt.)

Le sel, mêlé aux semences, les garantit des attaques des insectes. — Dans quelques parties de l'Ecosse, lorsque les récoltes d'avoine étaient fréquemment détruites par les vers, on a été longtemps dans l'usage de mêler du sel à la semence dans la proportion d'un trente-deuxième, et quelquefois d'un seizième. Cette méthode a toujours eu un succès complet. Le sel fait périr les insectes en agissant comme purgatif, ces animaux ne pouvant pas supporter des évacuations aussi abondantes ; de cette manière, les insectes, qui auraient détruit les récoltes, forment un engrais qui en favorise la végétation.

M. E. MARTIN, dans un ouvrage intitulé : *Traité théorique et pratique des amendements et des engrais*, s'exprime ainsi :

Lorsque la quantité de sel que l'on emploie est considérable, et qu'on ne la répand pas à l'état de dissolution, il est à propos de le semer sur le sol, quelques jours avant d'y semer le grain. Si on l'employait sur de jeunes récoltes en végétation, il faudrait toujours le faire dissoudre, et étendre d'eau la dissolution jusqu'à ce qu'elle ne marquât plus qu'un demi-degré à l'aréomètre. Le sel a la propriété de faire périr les vers et les insectes, et de détruire beaucoup de mauvaises herbes; et les expériences multipliées que l'on a tentées ne permettent pas de douter qu'il ne soit utile aux céréales comme aux fourrages.

Voici comment M. WILLIAM JOHNSON s'exprime sur ce sujet :

' *Vers, vermisseaux, animalcules.* — Personne n'a employé le sel, dans le but de la destruction des vers, sur une plus grande échelle que M. J. Busk, de Ponsbourn, dans le Hertfordshire. Ses précieuses expérimentations ont porté sur quelques centaines d'acres de froment. Pour employer ses paroles : « Dans toute circonstance et à toute époque, les effets du sel ont été également avantageux; quatre ou cinq boisseaux, répandus à l'aide d'un semoir ordinaire, le soir, avaient un résultat dont on pouvait juger le lendemain par la quantité de limaçons morts, gisant sur le terrain. Dans quelques champs, cela a certainement eu pour effet d'empêcher la destruction complète de la moisson.

Six boisseaux de sel ont été, en avril 1828, semés à la main sur un champ attaqué par les limaçons et les vers, dans la ferme de M. Slatter, de Draycotte, près Oxford. La récolte a été complétement sauvée par ce moyen, pendant que celle d'un champ contigu, *non salé*, fut entièrement détruite par cette vermine.

Que peut-on répondre à ces assertions de véritables fermiers pratiques? Quelques boisseaux de sel constituent-ils donc une dépense trop forte pour qu'on ne s'y décide pas dans le but de sauver d'une entière destruction un acre de blé?

Devons-nous donc voir plus longtemps les vers dévorer annuellement des milliers d'acres de blé, et les agriculteurs regarder l'emploi du sel avec apathie et indolence?

Le sel est un préservatif certain contre les ravages des charançons dans le blé récolté. J'ai appris d'un négociant américain que le froment placé dans des barils ayant contenu du sel n'est jamais attaqué par ces insectes destructeurs. Six ou huit livres de sel répandues sur chaque 100 gerbes, en les entassant, produisent exactement le même effet.

EMPLOI DU SEL POUR LA CONSERVATION ET L'AMÉLIORATION DES FOURRAGES ET DES RACINES QUI EN TIENNENT LIEU DANS LA NOURRITURE DES ANIMAUX.

Il y a deux mille ans que Caton (*De re rustica*), écrivait :

« Mettez à couvert vos meilleures pailles, répandez-y du sel et donnez-les ensuite pour du foin. »

L'usage de saler le foin, dit JOHN SINCLAIR, au moment, où on le met en meules, a été pratiqué en *Derbyshire*, et dans la partie septentrionale du *Yorkshire*. Le sel, principalement lorsqu'il est appliqué à une seconde coupe de trèfle, ou lorsque la récolte a reçu beaucoup de pluies, arrête la fermentation, et prévient la moisissure. Si l'on mêle de la paille avec le foin, on empêche encore plus efficacement l'échauffement de la masse, parce que la paille absorbe l'humidité. Le bétail à cornes mange non-seulement le foin salé ainsi, mais encore la paille qui y est mêlée, avec plus d'avidité que le meilleur foin sans sel, et profite mieux avec cette nourriture.

LORD SOMERVILLE pensait qu'on ne peut pas administrer le sel aux bestiaux d'une manière plus profitable qu'en le répandant ainsi sur le foin, en poudre et au moyen d'un tamis, dans la proportion d'environ vingt-cinq livres de sel pour un *ton* (1,000 kilogr.) de foin, au moment où on le met en masse, parce que toutes les particules de sel ainsi employées se trouvent dissoutes dans l'acte de la fermentation, sans qu'il soit possible qu'il y en ait de perdues. Le foin salé ainsi est très-convenable aux moutons, lorsqu'on les met aux turneps de bonne heure dans la saison, parce que, les feuilles étant alors grandes et succulentes, beaucoup de moutons périssent de la météorisation, par l'effet de la fermentation de cette nourriture dans l'estomac. Les moutons mangent alors avec avidité le sel où le foin salé, ce qui indique combien cette substance est salutaire. Au moyen du foin salé, Lord Somerville n'a pas perdu un seul mouton dans l'automne de 1801, quoique la saison fût très-pluvieuse et très-peu favorable.

Le docteur PARIS recommande fortement aussi d'améliorer le foin de mauvaise qualité, en y mêlant du sel, dans la proportion d'un quintal de sel impur, provenant des pêcheries, pour trois *tons* (3,000 kilogr.) de foin. Mais si on emploie du sel pur, un tiers de cette quantité est suffisant. Il conseille d'en saupoudrer les couches de foin, lorsqu'on l'entasse.

Le sel rend les fourrages secs plus nourrissants, et les aliments humides moins nuisibles aux bêtes à cornes et aux chevaux.—Les anciens avaient l'habitude de préparer la paille, pour la nourriture du bétail, en la conservant longtemps, après l'avoir arrosée de saumure; on la faisait sécher alors, on la liait en bottes, et on la donnait aux bœufs, en place de foin.

M. CURWEN a remarqué que, lorsqu'on mêle du sel avec de la menue paille ou d'autres aliments de qualité inférieure, les vaches les mangent avec plus d'avidité, et que, en leur donnant du sel avec des turneps, on augmente la quantité du lait, et on corrige, jusqu'à un certain point, le mauvais goût que le lait contracte souvent dans cette circonstance. En Cheshire, on donne du sel aux vaches lorsque leur lait diminue.

En Flandre, on a trouvé qu'une petite quantité de sel, réduite en poudre, est très-avantageuse aux chevaux, lorsqu'ils mangent de l'avoine nouvelle, ou qui est encore humide; et il n'y a pas de doute que le sel ne puisse diminuer les inconvénients qu'il y a à donner aux chevaux des aliments humides, par exemple, des pommes de terre crues.

M. CURWEN s'est convaincu, par expérience, que la paille, ainsi que la menue paille, pourraient être employées à la nourriture du bétail, dans une beaucoup plus grande proportion qu'on ne le fait ordinairement, au moyen de l'emploi du sel.

Le révérend EDMOND CARTWRIGHT publiait en 1820 :

Il y a un usage que j'ai pratiqué depuis cinquante ans, et que je sais avoir été pratiqué aussi longtemps par d'autres avec un succès invariable, c'est de mêler du sel à la paille gâtée, en la récoltant... Cet usage de saler la paille est encore profitable, même quand elle est récoltée dans les meilleures conditions.

SPRENGEL dit :

J'ai eu plusieurs fois l'occasion de voir des herbages, dont certaines parties n'étaient mangées par les animaux qu'à toute extrémité, et qui, lorsqu'elles étaient arrosées avec un peu de sel, étaient aussi recherchées qu'elles étaient évitées auparavant.

Il est évident que du fourrage avarié devient moins nuisible s'il est arrosé avec du sel.

On voit, sur le bord de la mer, des fourrages moisis, pourris, mais contenant du sel, comme le *poa maritima*, ne produire aucun mauvais effet. Les bêtes à laine qui pâturent les plantes maritimes ne sont jamais attaquées de cachexie.

M. CHARLES LUCAS, membre de l'Institut, dans un discours au Comice agricole de Bourges, s'exprimait ainsi :

Quant aux fourrages, l'emploi du sel nous rendrait un double service : celui d'abord de faire consommer davantage de fourrage à nos bestiaux à l'engrais, et, par conséquent, de rapprocher l'époque de leur vente à la boucherie. Or, un bœuf à l'engrais est un capital engagé, dont on a un grand intérêt à renouveler le placement le plus souvent possible, parce qu'on accroît ainsi les bénéfices qu'on en retire. Quant aux fourrages de chétive qualité, ou même un peu avariés par la mauvaise saison, l'emploi du sel a l'immense avantage de permettre de faire consommer au bétail ces fourrages qui ne pourraient autrement être utilisés qu'en litière. Je reviens d'Alsace, où j'en ai vu un exemple frappant. Tandis que, de l'autre côté du Rhin, l'emploi du sel permettait aux cultivateurs allemands de faire consommer par leurs bestiaux tous les fourrages viciés par la température humide et pluvieuse de 1845, nos cultivateurs français, auxquels la cherté du sel interdisait une pareille ressource, ont eu beaucoup à dépenser pour alimenter leurs bestiaux ; ils ne pouvaient leur procurer qu'une insuffisante et onéreuse nourriture.

M. Boussingault, dans un rapport à l'Académie des sciences en 1847, disait :

Dans le cours de nos expériences, il est arrivé qu'un jour le regain distribué s'est trouvé de très-mauvaise qualité ; aussi n'a-t-il été mangé qu'avec une extrême répugnance par les soixante têtes de bétail renfermées dans l'étable ; toutes, à l'exception du lot n°1, en ont laissé dans les crèches ; les animaux de ce lot, qui recevaient du sel en forte proportion, ont consommé leurs rations en totalité ; j'ai cru devoir rapporter ce fait, parce que c'est une nouvelle preuve à ajouter à celles que l'on possède déjà sur l'utile intervention du sel, lorsqu'il s'agit de faire consommer des fourrages avariés.

Ajoutons que le sel a précisément pour but et pour effet de prévenir cette avarie, en empêchant la fermentation nuisible à la qualité des fourrages et à la santé des bestiaux. C'est ce qu'atteste M. Schattenmann, savant agriculteur de l'Asace, dont voici les paroles :

Il arrive fréquemment, dans les grandes exploitations agricoles, que les fourrages qui sont engrangés en grands tas moisissent ou rougissent par suite de la fermentation qui s'y développe. Réfléchissant aux causes de cette fermentation et aux moyens de la modérer, j'ai fait répandre à la main sur le fourrage, au moment du déchargement, 200 grammes de sel commun par quintal métrique de fourrage. L'emploi de cette substance, utile au bétail, a parfaitement réussi, car, depuis quinze ans que je l'applique à des masses de fourrages, je n'y ai pas trouvé trace d'altération. Je suis maintenant sans inquiétude lorsque, par un temps pluvieux, je rentre quelques voitures de fourrages humides, parce qu'une longue expérience m'a prouvé que le sel neutralise les effets nuisibles de l'humidité.

M. Puvis, dans la lettre qu'il m'écrivait en 1846, dit :

Si le sel, donné immédiatement aux bestiaux, leur convient éminemment, il est peut-être encore plus salutaire de l'appliquer, comme dans l'économie humaine, aux aliments eux-mêmes ; je ne doute donc pas que, semé en petite quantité sur les fourrages, lorsqu'on les entasse dans les fenils au moment de la récolte, il n'imprègne avec beaucoup d'avantage leur substance. Comme il est plus ou moins déliquescent, il entretiendrait dans les fourrages une certaine flexibilité qui les empêcherait de se briser, de tomber en quelque sorte en poussière dans les bises sèches de l'hiver.

Utile sur tous les fourrages plus ou moins avariés, il le serait encore beaucoup plus sur les fourrages des prés humides, dont il neutraliserait l'effet débilitant.

Sur les fourrages rentrés humides, le sel absorberait l'eau surabondante, empêcherait leur moisissure, affaiblirait les effets de la fermentation qu'ils éprouvent sur les fenils.

En résumé, je pense que l'abolition de l'impôt serait un bien grand avantage pour l'agriculture.

M. BELLA, directeur de l'Institut agricole de Grignon, dans son rapport au Conseil général de l'agriculture et du commerce, disait :

Si, en 1845, tous les fourrages avariés avaient pu être salés, lors de leur tardive rentrée, au moyen de 10 à 12 kilog. de sel pour 2,000 kilog. de foin, on ne verrait pas aujourd'hui tant d'animaux souffrir devant une nourriture malsaine qui leur répugne et qui peut leur donner diverses maladies.

La salaison des mauvais fourrages a deux effets :

1° Celui de les rendre mangeables et de faire que les animaux les recherchent, parce qu'une saveur salutaire a été rendue à cette chétive nourriture ;

2° Celui de rendre moins malfaisants et plus salubres les foins qui ont subi un commencement de détérioration, qui ont contracté mauvaise odeur et mauvais goût, et d'éviter par ce moyen les épizooties charbonneuses qui déciment les animaux de certaines contrées, chaque fois que des débordements ont envasé les foins ou que des pluies prolongées ont enlevé aux fourrages leur couleur, leur arome et cette substance gommeuse qui en constitue les qualités nutritives.

A l'appui de cette pratique salutaire, on peut citer une exploitation dans le département de la Meurthe, dont le bétail n'a pas été atteint pendant dix ans, 1816 à 1826, par les épizooties qui ont souvent ravagé cette contrée, parce qu'on avait soin de faire battre les foins poudreux, de les faire saler et aromatiser. Sans le haut prix du sel qui se vendait 35 centimes le 1/2 kilog., beaucoup de cultivateurs eussent imité cet exemple frappant de la haute utilité de la salaison des foins avariés.

Voici les conseils que M. le ministre de l'agriculture adressait à cet égard aux cultivateurs en 1844 :

Il ne faudra pas négliger d'avoir recours au sel comme un excellent antiputride. Dans cette circonstance, on ne doit pas oublier les bons effets qu'on obtient de son emploi pour la consommation des fourrages avariés. Ce n'est pas isolément qu'on administrera le sel au bétail ; les pommes de terre en seront saupoudrées, afin que la saveur relevée de ce condiment puisse masquer la saveur et même l'odeur propres aux tubercules altérés, que la cuisson ne fait pas toujours disparaître d'une manière complète.

La proportion de sel à employer varie d'un demi-kilogramme à un kilogram. par quintal métrique de tubercules. Si donc on voulait faire consommer 10 kilogrammes de pommes de terre à une vache chaque jour, il faudrait aussi lui donner 78 grammes de sel, valant 3 à 4 centimes. C'est principalement à l'égard des bêtes ovines que l'addition du sel sera profitable. La dose utile pour un troupeau de cent têtes pourra s'élever chaque jour à 1 kilogramme, dont la valeur est de 45 centimes au plus.

Cette dépense, toute nouvelle pour un grand nombre de cultivateurs, devant être répétée tous les jours, paraîtra peut-être excessive ; cependant, ici encore, comme pour la cuisson des tubercules, nous ferons observer que, loin d'être onéreuse, l'association du sel avec la nourriture rend celle-ci plus profitable, plus nutritive et plus économique. Si l'on peut dire que 3 kilogrammes de foin salé valent autant pour le bétail que 4 kilogrammes de foin non salé, c'est surtout lorsqu'il s'agit de fourrages et de racines altérés, dont la consommation, sans ce mélange, serait souvent plus nuisible qu'utile.

Nous pourrions citer mille autorités sur ce sujet, mais nous pensons, comme le Congrès agricole, que « cela est tellement incontestable et incontesté par tous les hommes impartiaux et à ce connaissant, qu'il est en vérité superflu d'insister davantage. »

EMPLOI DU SEL DANS LA CULTURE DE LA POMME DE TERRE POUR LA PRÉSERVER DE LA MALADIE.

M. WILLIEN, chimiste à Thann, m'écrivait le 25 avril 1847 :

Comme je vois, par les journaux, que vous vous occupez avec persévérance de la réduction de l'impôt sur le sel, je désire vous faire part d'une petite expérience que j'ai faite l'an passé, et dont le résultat milite aussi, en ce moment, en faveur de la cause que vous défendez.

J'ai planté vingt-cinq pommes de terre, quelque peu attaquées par la maladie ; j'ai eu soin, en les mettant en terre, de les saupoudrer, chacune, de 4 grammes de sel (chlorure sodique) : cette plantation m'a donné de beaux tubercules qui sont arrivés à pleine maturité et qui se sont bien conservés. Dans le même terrain j'ai planté vingt-cinq autres pommes de terre pareilles aux premières, sans employer de sel ; les tubercules provenant de cette seconde plantation n'étaient point mûrs, la plupart étaient malades, et les meilleurs ne se sont pas conservés plus de deux mois. Le succès que j'ai ainsi obtenu en me servant du sel, que nous employons du reste journellement pour conserver des produits de l'un et l'autre règne, ne serait pas sans importance s'il devait se vérifier sur une plus grande échelle et dans plusieurs circonstances ; de cette manière, le sel qui est déjà, pour ainsi dire, l'unique condiment des aliments du pauvre, deviendrait encore un véhicule indispensable à la production d'une denrée qui a fait jusqu'ici sa principale nourriture.

Dans une pétition adressée en 1847 par M. RATIER, de Mont-Louis, près Poitiers, lue au Congrès agricole et déposée sur le bureau de M. le président de la Chambre par l'honorable député de Poitiers, qui connaissait personnellement et déclarait digne de toute confiance l'agriculteur qui l'a signée, on trouve l'affirmation des mêmes résultats obtenus par le même moyen :

Laboureur de mon métier, travaillant plus que je ne lis, je ne vois les journaux que par hasard, et ne sais les nouvelles que quand les autres n'y songent plus. Aujourd'hui, 25 février, je trouve que la proposition de M. Demesmay doit être développée samedi 27. Je croirais manquer à mon devoir de citoyen si je ne m'empressais de soumettre à la Chambre une observation qui a rapport à cette proposition, et qui, j'en suis sûr, aura toute votre sympathie si elle arrive assez à temps pour vous être soumise.

La plus grande calamité qui ait pesé sur le peuple est, sans contredit, la maladie qui depuis deux ans a détruit la récolte des pommes de terre, et certes celui-là rendrait un grand service au pays, qui pourrait y trouver un remède. Eh bien! moi, je crois l'avoir trouvé; je dirai plus, j'en suis certain, autant qu'on peut l'être après une seule expérience. Frappé comme tous en 1845, j'ai dû chercher le remède; mais pauvre, j'ai cherché en petit. Sur cent tubercules (ou morceaux), cinq moyens ont été employés (un pour vingt), sur les vingt, dix fumés et dix non fumés. Avec un de ces moyens, le seul dont je parlerai, pas un de ces tubercules n'a été attaqué, et le produit a été plus grand que partout ailleurs dans le champ qui contenait deux hectares bien fumés, et leur qualité était parfaite : gros, pleins, peau rugueuse et furfuracée, crevant à la vapeur, et formant, au-dessus de la crevasse, une houppe farineuse comme la graine de maïs, qui éclate sur la cendre chaude.

Ce moyen, Messieurs, c'est tout bonnement une forte poignée de sel déposée sur chaque tubercule de semence ! !

Sans chercher ici comment le sel a agi, je me contente de constater un fait : Vingt poignées de sel, placées sur vingt morceaux de tubercules de la grosseur d'un œuf de poule, ont produit trois doubles décalitres de pommes de terre, dont *pas une seule n'a été attaquée, et qui toutes étaient de qualité supérieure.*

Ces expériences sont confirmées par celles rapportées ou faites par le savant M. Becquerel lui-même.

Voici ce qu'il dit sur ce sujet d'une si haute importance pour nos campagnes, dans son *Traité des engrais :*

Suivant M. Teschemacher (qui a expérimenté aux États-Unis), la cause réelle de la maladie des pommes de terre est la présence d'un champignon visible au microscope, sensible à l'odorat et dont l'action sur les parois des cellules de la pomme de terre est tout à fait semblable à celle des champignons qui se développent sur d'autres substances végétales.

M. Teschemacher a essayé différentes substances qu'il suppose pouvoir servir avantageusement pour en arrêter les progrès et même pour empêcher son apparition. Il a employé successivement la chaux caustique, le sel commun, le sulfate de soude, l'arséniate de soude, les sulfates de cuivre, de fer, etc., en solutions plus ou moins étendues; enfin, les acides chlorhydrique, nitrique et sulfurique également étendus. Il a trouvé que l'on devait donner la préférence au sel commun, en raison de la rapidité avec laquelle il dissout la substance des champignons, et de son prix peu élevé.

Plus de vingt expériences faites sur une grande échelle ont prouvé que les portions d'un champ de pommes de terre soumises au régime du sel ont échappé à la maladie, tandis que celles qui ne l'étaient pas ont souffert extrêmement de ses ravages.

Le sel répandu sur le sol doit s'y trouver en quantité suffisante pour détruire les sporules au fur et à mesure de leur développement. Cette condition n'est remplie, toutefois, qu'autant qu'il est en contact avec le tubercule. Dans le salage, il faut avoir égard, comme je l'ai dit, à la nature du sous-sol; car s'il est perméable, les pluies entraînent le sel dans les parties inférieures, et si cette substance, lors de la sécheresse, ne revient pas à la surface du sol, ou du moins à l'endroit où se trouvent les tubercules, le salage ne saurait produire d'effet.

M. Teschemacher assure avoir constaté que la maladie ne se développe jamais quand on emploie le sel en quantité suffisante, en mettant, par exemple, dans un sol léger, 3 hectol. 34, par 40 ares.

Une expérience récente de M. NEUMANN, chargé de la surveillance des serres au Muséum d'histoire naturelle, a confirmé les observations de M. Teschemacher. Au printemps dernier, M. NEUMANN a planté dans un terrain de la rue de Buffon, formé de remblais, 24 litres de pommes de terre attaquées de la maladie, en les immergeant préalablement pendant deux heures dans une solution saturée de sel. La récolte a été de 168 litres, dont 3 litres seulement de malades.

On a planté dans un terrain la même quantité de pommes de terre également malades, mais sans immersion préalable dans l'eau salée ; le produit a été de 12 litres, dont moitié d'attaquées ; ce résultat est significatif.

J'ai cherché aussi à me rendre compte des effets du sel dans la culture de la omme de terre pour la préserver de la maladie.

Le 21 décembre 1847, on a planté, en les recouvrant de feuilles, dans un terrain de remblais, 20 pommes de terre sur deux rangées, à 0 m. 33 de profondeur.—On a répandu autour de chaque tubercule de la première rangée 20 grammes de sel. Les tubercules de la deuxième rangée n'ont pas reçu de sel.

Le 23 du même mois, on a planté dans le même terrain, à la même profondeur, une troisième rangée de dix pommes de terre, en mettant dans chaque trou 10 grammes de sel au lieu de 20.

Ici le savant expérimentateur constate qu'entre les produits des deux premières rangées il n'y a pas eu de différence marquée.

La première donna : 390 pommes de terre saines pesant 31 kilog., et 30 malades pesant 4 kil. 2.

La seconde donna : 288 pommes de terre pesant 28 kil., dont 10 malades, pesant 1 kil. 3 ; et il continue :

20 grammes de sel par pied n'ont donc pas produit d'effet sensible ; mais il n'en a pas été de même, à beaucoup près, dans la rangée où l'on a mis 10 grammes de sel.

Les tiges ont surpassé en beauté celles des autres rangées ; les boutons de fleurs, qui s'étaient montrés bien avant que sur ces dernières, ne s'épanouirent pas ; ils se flétrirent comme si la fleur avait avorté ; dès le commencement de juillet, les tiges étaient à demi fanées ; la maturité était à peu près achevée en août, mais on attendit le mois d'octobre pour arracher les tubercules. *Aucun n'était atteint de la maladie*; leur grosseur était considérable, puisqu'en dix pieds ils produisirent 182 tubercules pesant 34 kilogrammes. Ce résultat est d'autant plus remarquable que les pommes de terre plantées dans les carrés environnants produisirent des tubercules dont moitié étaient malades.

Aussi, dans son résumé, voici comment s'exprime l'honorable M. BECQUEREL :

Quant à l'emploi du sel dans la culture de la pomme de terre, pour la préserver de la maladie, les expériences de M. Teschemacher, celles de M. Neumann et les miennes sont d'un heureux augure pour que cet emploi soit salutaire. Mes expériences ont mis deux faits en évidence : 1° la culture d'hiver dans un terrain de remblais, en plantant le tubercule à 0 m. 33 de profondeur, n'a produit de tubercules atteints de la maladie que dans les parties qui avoisinent la superficie du sol ; 2° une dose de dix grammes mise au fond de chaque trou a réagi de telle sorte que toutes les pommes de terre ont été saines et d'une grosseur colossale.

QUATRIÈME PARTIE.

—

IMPOT. — PRIX. — CONSOMMATION AVANT 1789,

D'après Necker (Compte-rendu des finances.)

	Prix en moyenne.		Consommation par tête.
Provinces de grandes gabelles.	1 fr. 24 c. le kil.	—	4.585
— petites gabelles..	67	—	5.875
— de salines......	43	—	7 »
— franches.......	de 4 à 18	—	9 »
— rédimées.	de 12 à 24	—	9 »

En 1790, la loi du 30 mars fixe le prix vénal du sel à 30 c. le kil. ; la consommation arrive à............................ 8 kil.

En 1793, le 27 septembre, le maximum du prix est fixé à 20 c.; la consommation, d'après Giraud de Nantes, monte à.......... 10

En 1806, un impôt de 20 c. est décrété sur le sel ; le prix vénal monte à 40 c. le kil., la consommation tombe à............... 6.630

Sous le régime de ce droit, elle arrive, en 1812, à........... 7.400

En 1813, le 11 novembre, la taxe est portée à 40 c.; le prix vénal s'élève à 60 c., et la consommation retombe à.......... 3.467

En 1814, le 17 décembre, la taxe est réduite pour 1815 à 30 c.; le prix vénal descend à 50 c., et la consommation remonte à... 5.260

Sous ce régime, elle met vingt-six ans pour arriver, en 1840, à. 6.380

En 1843, par suite de la loi du 17 juin 1840, le prix vénal du sel est abaissé de 10 c. par kil. dans dix départements de l'Est seulement ; la consommation commence à se développer, elle arrive en 1846, à.................................... 6.685[1]

[1] Ces chiffres de consommation indiquent une moyenne, et non pas la consommation comme elle a lieu réellement.

L'habitant des campagnes et l'ouvrier consomment plus de sel que les personnes des classes aisées.

D'après le maréchal Bugeaud, celles-ci ne consomment que 3 à 4 kilog., tandis que l'habitant des campagnes consomme jusqu'à 12 kilog.

Cette assertion, que le pauvre consomme plus de sel que le riche, est confirmée par la note suivante de M. Briaune, membre du Conseil général de l'Indre :

« L'impôt du sel, qui paraît léger lorsqu'on le répartit par tête et en moyenne, est

En 1849, par l'effet de la réduction de l'impôt qui abaisse proportionnellement le prix de vente, la consommation a dépassé.. 9 kil.

PAYS ÉTRANGERS[1].

	Prix.		Consommation.
Belgique....................	30 fr.		6 kil.
Bavière.....................	26		9.300
Prusse.....................	26	50	8.500
Wurtemberg.................	22		10.100
Francfort...................	22		10.200
Grand-duché de Baden........	21	50	12
Zurick.....................	24		11.600
Bâle-Ville..................	22		12
Argovie....................	22		13.200
Lucerne....................	22		14.500
Berne.....................	22		16.000

ANGLETERRE.

Depuis 1825, le sel est libre de tout impôt en Angleterre. Les quantités livrées à la consommation ne sont donc plus constatées officiellement. Aussi est-il tout simple qu'il y ait, à cet égard, de très-

---

beaucoup plus lourd en réalité lorsqu'on le répartit suivant sa consommation vraie. En 1832, dans un établissement dont la comptabilité est publique, à Grignon, *j'ai fait, sur les livres,* le relevé des consommations diverses du sel. D'après les livraisons, que j'ai lieu de croire exactes, la consommation des valets de ferme était de 23 kil. par tête, tandis que celle des employés supérieurs n'était que de 6 kil. 360 gr. La consommation des valets tenait sans doute à la grande quantité de salaisons qui formaient la base de leur nourriture ; mais il en est de même dans une grande partie des exploitations rurales.

« Depuis lors, j'ai suivi la consommation du sel dans des familles pauvres, qui, par conséquent, consomment peu de viande salée, et j'ai trouvé une consommation moyenne de 9 kil. 600 gr. par tête et par an, dans les familles entièrement composées d'adultes, et de 8 kil. dans celles composées d'adultes, d'adolescents et d'enfants. En prenant 5 têtes par maison, la consommation est de 40 kil., et l'impôt annuel de 12 fr., somme souvent supérieure à la totalité des impôts directs payés par la même famille. »

[2] Ces chiffres sont puisés dans un document officiel français, dont le ministère des finances est en possession depuis deux ans. Ils ne diffèrent, quant à la consommation, de ceux que j'ai publiés dans le temps qu'en ceci :

Grand duché de Baden.........	12 kilog. 1/2 consommation.		
Neufchatel..................	15	—	—
Berne......................	18	47	—

Je m'explique difficilement ces différences, puisque moi-même je tenais ces chiffres des autorités locales. Elles n'ont d'ailleurs rien qui affaiblisse ce raisonnement, que la consommation qui se faisait en France, avant la réduction, était bien évidemment comprimée par le haut prix que donnait au sel l'impôt de 30 francs, puisque cette consommation était de moins de 7 kilog., et qu'à l'étranger elle arrive jusqu'à 16 kilog.

J'ajoute qu'en Belgique et en Allemagne, il se vend, avec impôt réduit et même sans impôt, une certaine quantité de sel pour le bétail et l'amendement des terres, qui ne prend point place dans les chiffres que je donne ici.

grandes dissidences entre les opinions des partisans de la réduction et celles de ses adversaires.

Ces derniers prétendent que la consommation, en Angleterre, n'a pas ou n'a que très-peu augmenté depuis l'abolition de l'impôt.

Les premiers soutiennent la thèse opposée. Ils se fondent sur les autorités suivantes :

1° M. Porter, chef du bureau de la statistique en Angleterre, dans un ouvrage portant pour titre *The Progress of the nation*, donne ces chiffres :

Consommation en moyenne de 1801 à 1817, 2,000,000 boisseaux, impôt de 15 schellings.

Consommation en moyenne en 1833, 11,504,286 boisseaux, huit ans après l'abolition.

Et il ajoute en toutes lettres : « *La moyenne de la consommation, entre ces deux périodes* (celle qui a précédé et celle qui a suivi l'abolition de la taxe), *montre un accroissement de plus de 430 pour 100* ».

2° M. Cuthbert Johnson me faisait l'honneur de m'écrire, le 18 juin 1846 : « Ceux qui disent que l'abolition de la taxe n'a pas amené un large développement de consommation dans ce pays sont mal informés : de grandes quantités de sel sont maintenant employées aux usages agricoles. »

Interrogé de nouveau par moi, le 23 avril 1847, il m'adresse ces explications : « En ce qui regarde la consommation domestique du Royaume-Uni, les informations que j'ai recueillies confirment entièrement l'opinion que j'ai exprimée : *qu'elle est plus que double* (that it is more than double) de ce qu'elle était avant que la taxe fût abolie; que la consommation du sel de qualité inférieure et du sel fossile (rock salt), pour animaux domestiques, *est devenue très-considérable*, et que cette demande augmente chaque année. »

3° M. Hume, l'un des membres les plus célèbres du Parlement, dans une lettre que j'ai entre les mains, écrit ceci : « Il faudrait un volume pour énumérer tous les bénéfices qu'a recueillis la nation tout entière de l'abolition de la taxe du sel; *dès lors la consommation a pris une énorme extension*. »

4° Le révérend pasteur Topkam répond à l'un de ses honorables collègues, M. Musgrave, qui avait bien voulu, sur ma prière, prendre des informations à ce sujet :

« Saint-Andrews rectory Droitwick, Worcester, nov. 1847.

« Monsieur le révérend,

« En réponse à votre lettre, je ne puis vous dire quelle a été, dans ce pays, la consommation du sel depuis l'abolition de la taxe; mais la fabrication dans cette ville en a été sextuplée (*increased sevenfold*), et, si nous ajoutons à notre production le produit des salines voisines de Stoke, qui ont été créées depuis cette époque, je ne puis porter l'augmentation à moins de douze ou treize fois la quantité qui était produite antérieurement. Une compagnie nouvellement créée (Ellie et comp.) vend plus de sel de ses seules salines qu'il n'en était produit dans toute la contrée avant la disparition de la taxe. »

5° Le consul de France à Londres, l'honorable M. Durand de Saint-André, dans une première dépêche (1846), écrivait : « L'effet de l'abolition des droits a été de *quintupler* la consommation, indépendamment de l'essor donné à la production par la suppression des entraves qu'y apportaient les règlements de l'accise. » Cette assertion ayant été contestée à la tribune, le 16 juin 1847, M. le consul général à Londres fut mis en demeure d'expliquer son opinion. Voici le résumé de sa réponse, tel que je le trouve dans une lettre signée de M. Guizot, alors ministre des affaires étrangères, qui la transmettait à M. le ministre des finances : « M. le consul général du roi n'admet que sous réserve la somme très-modique à laquelle est évaluée, par l'honorable député de Limoges, l'accroissement de la consommation dû à la réduction des droits en 1823. La comparaison entre les deux seules années 1822 et 1823 ne lui paraissant pas, en effet, présenter une base suffisante d'appréciation, c'est à déterminer le progrès de la consommation pendant une série d'années, qu'il s'est particulièrement attaché. *Il démontre ainsi que, depuis l'abaissement de la taxe, en 1823, et son abolition complète, en 1825, jusqu'au commencement de l'année dernière, la production du sel dans la Grande-Bretagne a plus que doublé,* EN MÊME TEMPS QUE L'ACCROISSEMENT DE LA CONSOMMATION A L'INTÉRIEUR A ÉTÉ GRADUELLEMENT PORTÉ A ENVIRON 325 POUR 100. »

A ces témoignages, si nets et si récents, les adversaires de la réduction opposent celui de M. Clément Desormes, qui écrivait en 1832. Entre les uns et les autres, le lecteur jugera.

PRODUCTION.

Il se vend en France trois sortes de sel :

1° Le sel provenant des marais salants de l'ouest et du midi de la France ; ce sel est le produit de matières que déposent, sur un sol approprié à ce but, les eaux de la mer qu'on y amène et qui sont évaporées par l'action de l'air et du soleil.

2° Le sel ignigène, produit d'eaux saturées au contact des bancs de sel sur lesquels elles séjournent. L'évaporation se fait au moyen du feu. Les salines de cette nature existent dans les départements de l'Est. Les plus considérables sont situées à Dieuze, Vic, Moyenvic Saléaux (Meurthe), Saralbe, Leharas, Salzbrunn (Moselle), Salins, Montmorot (Jura), Arc (Doubs), Gouhenans (Haute-Saône). Il en existe aussi dans les Basses-Pyrénées, à Briscous et à Salis.

3° Enfin, le sel gemme, qui s'exploite comme une carrière ou une mine, au moyen de galeries pratiquées dans le banc de sel même.

Le sel marin proprement dit, grâce à un soleil plus ardent et à une température moins variable, se fabrique dans des conditions beaucoup plus avantageuses sur les bords de la Méditerranée que sur celles de l'Océan.

Là, son prix de revient est, en moyenne, de 60 à 75 centimes le quintal.

Ce prix est, dans les marais de l'ouest, de 2 à 3 francs (moyenne de 10 années).

Il est, pour le sel ignigène, de 2 à 4 francs.

Quant au sel gemme, il se vend maintenant à Dieuze, seul établissement qui en produise, 10 fr. 50 cent., y compris l'impôt.

D'après un document émané de l'administration, la production totale de la France a été, en 1847, de 570,324,000 kilog. qui se répartissent ainsi :

Marais du Midi.	262,919,000 kilog.
Marais de l'Ouest.	230,923,000
Laverie de sables de la Manche, salines des Pyrénées et de l'Est.	76,482,000
Total.	570,324,000

Il est sorti des établissements de production :

Pour la consommation imposée.	230,000,000	
Dito industrielle exonérée.	55,000,000	386,000,000
Pour les pêcheries.	50,000,000	
Pour l'exportation.	43,000,000	

Il est donc resté sur les marais ou en magasins, environ. . . . . . . , ... 184,000,000

En 1848, la fabrication totale n'a été que de 545,000,000 kilog. L'exportation s'est élevée à 80,000,000 kilog.

La production pourrait prendre un développement en quelque sorte illimité, ainsi que le prouvent les deux citations suivantes :

Chaptal, dans un rapport à la Chambre des pairs, du 25 janv. 1836, écrit :

« L'étendue de la mine de Vic et sa profondeur ne sont pas encore constatées ; mais ce qui a été reconnu suffirait pour fournir à l'extraction annuelle d'un million de quintaux métriques de sel, pendant plus de cent mille ans.»

M. Levallois, ingénieur en chef des départements de la Meuse et de la Moselle, dit que, «dans une seule concession d'un périmètre de 20 kilomètres, à raison de 300,000 quintaux par an, il y a de quoi fournir pendant 12,500 ans. »

Il est à peu près démontré que le banc de sel, qui commence dans les départements que je viens de nommer, se continue jusqu'à l'extrémité sud du département du Jura, c'est-à-dire de Sarreguemines à Lons-le-Saulnier, sur une zone de 20 à 30 kil. de largeur.

Quant au sel marin proprement dit, d'immenses espaces, propres à en fabriquer, sont encore vacants sur les bords de la Méditerranée, notamment dans la Camargue, où une compagnie, en 1847, demandait l'autorisation d'établir un marais salant devant produire annuellement 500,000 quintaux de sel, qu'elle s'engageait à vendre à un prix maximum de 2 fr. le quintal.

Dans l'Ouest, des projets du même genre existaient avant la révolution de Février. Des marais nouveaux devaient s'établir près des embouchures de la Loire et de la Gironde.

De très-considérables gisements de sel ont été découverts en Algérie, notamment à Arzew. Il serait bien à désirer que leurs produits pussent arriver dans nos ports de la Méditerranée, où, avec les sels d'Espagne et de Portugal, ils contribueraient à empêcher toute coalition entre les producteurs et à maintenir les prix dans des limites raisonnables, ce qui n'a pas toujours eu lieu.

IMPORTATION.

D'après la loi du 28 décembre 1848, les sels étrangers, par toute frontière de terre et de mer, pouvaient entrer en France moyennant un droit,

Sous pavillon français, de 50 centimes par quintal.

Sous pavillon étranger, de 1 fr. d°.

Une loi du 13 janvier suivant a modifié cette législation, en ce qui regarde les sels entrant par les ports de l'Océan; le droit a été élevé à,

Sous pavillon français, 1 fr. 75 cent.

Sous pavillon étranger, 2 fr. 25 cent.

Cette loi porte que les sels étrangers, raffinés, blancs, égrugés, pulvérisés et de la qualité dite de table, entreront en France en payant par 100 kilog., par la frontière de Belgique, 2 fr. 75 cent. ; par mer et les ports de l'Océan et de la Manche, sous pavillon français, 2 75; sous pavillon étranger, 3 25.

En exécution de cette loi, il est entré en France, du 1er janvier au 31 décembre 1849, les quantités de sel étranger ci-après :

Pour la consommation domestique. . . . . 4,312,530 kil.
Pour la petite pêche. 1,534
Pour les salaisons en ateliers 121,597
Pour les fabriques de soude. . . . . 416,850 kil.

RÉSULTATS FINANCIERS DE LA RÉDUCTION, POUR L'ANNÉE 1849,
COMPARATIVEMENT AUX ANNÉES PRÉCÉDENTES.

Produit de l'impôt.

1847.	1848.	1849.
70,350,859 fr.	63,345,425 fr.	33,185,868 fr.

La perte du Trésor pour 1849, comparativement à 1847, au

lieu d'être des deux tiers, chiffre de la réduction de l'impôt, c'est-à-dire au lieu d'être de 46,900,000 fr., n'est que de 37,164,790 fr.

Comparativement à 1848, au lieu d'être de 42,230,000 fr., cette perte n'est que de 30,159,557 francs.

Ces chiffres du produit de l'impôt impliquent les ventes ci-après :

1847 (impôt de 30 francs). . . . . . 2,345,028 quintaux.
1848 (*Idem*). . . . . 2,111,514 —
1849 (Impôt de 10 fr.). . . . . 3,318,586 quintaux.

Différence en plus pour 1849 :

Comparativement à 1847, 973,558 quintaux, soit 41 pour 100.
Comparativement à 1848, 1,207,072 quintaux, soit 57 pour 100.

Il est à remarquer que pendant les quatre mois qui viennent de s'écouler l'accroissement des ventes est allé grandissant ; ainsi il avait été :

En septembre, de 33 pour 100.
En octobre, de 36 pour 100.
En novembre, de 41 pour 100.
Il a été, en décembre, de 90 pour 100.

Un accroissement aussi considérable, se produisant dans un moment où règne encore dans nos campagnes une si grande pénurie d'argent, ne prouve-t-il pas évidemment que la réduction de l'impôt du sel répondait à un besoin réel, et que les Assemblées législatives qui, sous la monarchie comme sous la république, ont successivement décrété cette réforme, ont agi conformément aux vrais principes d'économie politique, de justice et d'humanité, qui aujourd'hui, plus que jamais, doivent présider au gouvernement des nations?

TABLE.

EXTRAIT DES N°ˢ 105 ET 107 DU JOURNAL DES ÉCONOMISTES,
15 DÉCEMBRE 1849 ET 15 FÉVRIER 1850.

Imprimerie de HENNUYER et Cⁱᵉ, rue Lemercier, 24. Batignolles.

PUBLICATIONS PRÉCÉDENTES DE M. DEMESMAY.

Typographie Hennuyer et Cᵉ, rue Lemercier, 24. Batignolles.

.

www.ingramcontent.com/pod-product-compliance
Lightning Source LLC
Chambersburg PA
CBHW071511200326
41519CB00019B/5903